新装改版

解析入門30講

朝倉書店

はしがき

　微分・積分を高等学校で学んだあとで，何か少し物足りない感じが残って，これに続くもう少し進んだ事柄も知りたいと思う人は，案外多いのではなかろうか．高等学校での微分・積分に続くことといえば，ふつう「解析教程」とか「解析概論」といった題名の本の中に盛られているテーマを指すことになる．そこにあるのは，実数の連続性や，微分・積分の一層立ち入った議論や，多変数の微積分という項目に含まれる偏微分や重積分の取扱いが主なものとなっている．確かにここまで到達すれば，高等学校の微積分よりはるかに立脚点も高くなって，視野も広がるが，ここに達するまでの山道は，かなり努力を要する上り道である．

　努力を要するのは，やはり「解析教程」には取り上げるべき題材が多すぎ，それらが読者の目の前に，次から次へと現われることにもよっている．実際，ニュートン，ライプニッツの微積分の発見以来，300年の間に，解析学という学問は，どうしてこれほどまでに深く広い世界を形成したのかと不思議に思うほどである．解析学の応用と適応性の広さを考えると，この豊富な題材の中から，「解析教程」の中に何を盛り，何を捨てるべきかということはいつも難しい問題となるのであって，結局，素材は増える傾向を辿って，読者を当惑させるのである．

　また「解析教程」を難しくしている別の要因もある．ここでは厳密な極限概念に基づく解析学の建設を目指すから，どうしても教育的な色彩よりは，厳密な論証を重んずる数学の専門書の趣きをとってくる．このことは，数学に関心はあるが，数学者と異なる道を歩もうとする人にとって，「解析教程」を近づきにくくしているようである．

　この『解析入門30講』を執筆するに当っても，同じ問題が生じてきた．しかしこのシリーズの趣旨からいって，専門書，または教科書としての形態をできるだけとらないように心がけた．そのため題材の配列にも多少工夫を凝らしてみたし，また日常的な例を引いて説明を試みたところもある．数学といっても，数学

の勉強に何か特別なセンスが要るとはじめから考えてかかるのは，何かおかしいような気がしている．日常のごくふつうの感性と，いわばふつうの本を読むときの読解力とでもいうべきもので，十分理解できる数学はあると思っているし，「解析入門」もその適用の広さからいえば，やはり，そのような数学の形をとることが望ましいと思っている．

応用面に触れえなかったのは，30 講という紙数の制約もあったし，またそれは別の主題にした方がかえって近づきやすいのではないかと考えたことにもよっている．

終りに，本書のみならず，このシリーズの出版に際し，いろいろな面でお世話になっている朝倉書店の方々に，心からお礼申し上げます．

1988 年 10 月

著　者

目　　次

第 1 講　数直線の生い立ち……………………………………………… 1
第 2 講　実数の連続性……………………………………………………… 8
第 3 講　上限，下限，コーシー列……………………………………… 17
第 4 講　実 数 の 相……………………………………………………… 26
第 5 講　関数の極限値…………………………………………………… 34
第 6 講　連 続 関 数……………………………………………………… 42
第 7 講　微分と導関数…………………………………………………… 51
第 8 講　平均値の定理…………………………………………………… 59
第 9 講　微　分　法……………………………………………………… 66
第 10 講　テイラーの定理………………………………………………… 72
第 11 講　テイラー展開…………………………………………………… 79
第 12 講　ベ キ 級 数……………………………………………………… 85
第 13 講　ベキ級数で表わされる関数…………………………………… 92
第 14 講　不 定 積 分……………………………………………………… 100
第 15 講　不定積分を求める……………………………………………… 108
第 16 講　不定積分から微分方程式へ…………………………………… 115
第 17 講　線形微分方程式………………………………………………… 123
第 18 講　定数係数の線形微分方程式…………………………………… 130
第 19 講　面　　　積……………………………………………………… 138
第 20 講　定　積　分……………………………………………………… 146

第21講	積分と微分	155
第22講	微分方程式の解の存在	163
第23講	指数関数再考	173
第24講	2変数の関数と偏微分	182
第25講	2変数関数の微分可能性	191
第26講	C^r-級の関数	199
第27講	C^1-写像	208
第28講	逆写像定理	217
第29講	2変数関数の積分	227
第30講	積分と写像	236

問題の解答 245

索　　引 247

第1講

数直線の生い立ち

テーマ
- ◆ 解析入門のはじめに
- ◆ 数直線の成立の由来：たとえ話——杉並木から高速道路ができあがるまで
- ◆ 数直線上での数の表現
- ◆ 数直線上の点としては，数のもつそれぞれの個性は表現されないが，そのかわり，数の間の近さの感覚が生ずる．
- ◆ 有理点
- ◆ 有理点の近づく先は必ずしも有理点ではない．
- ◆ 有理点と無理点を合わせて数直線が完成する．

門 の 前 で

　解析入門といっても，門構えの方は誰にも見えるが，門をくぐって中に入ると，そこにはどんな広々とした景色が広がり，どれほどの奥行きがあるのかということは，専門家でもなかなか察知しがたいのである．門の中にある解析の領域は，果てしもないほど広いのだともいえるし，いや，微分・積分という2本の大きな木のつくる，長い影に蔽われているにすぎないのだ，といういい方もできるのかもしれない．

　解析という言葉から受ける漠然とした広がりをもつ包括的な感じは，解析学の中にある際限のないような問題設定の要求からくるものであろう．この問題設定とは，時間・空間の中に生ずるさまざまな現象の連続的な微小なゆらぎと，これらの現象の長時間にわたる変化の様相を，できるだけ数学的に正確に捉えたいということである．

　また一方，解析学は結局のところ微分・積分の光と影の中にあると思うのは，このような現象の解析には，実数を座標とする空間上の，関数表現による数式モ

デルが必要であり，一度モデル化されたこの関数を調べる手段としては，微分・積分という方法が，歴史的な発展過程の中で，ほとんど絶対的なものと感じられるようになってきたことによるのだろう．

'解析入門'をどのようにかき始めたらよいのか，なかなか決まらないのは，私自身の観点が，この2つの見方の中を揺れ動いているからだろう．ただはっきりしていることは，微分・積分という方法が，実数の数直線上の表現と密接に関係し合っており，方法と表現とが，実数という体系の中でほとんど一体化しているということである．だからまず数直線のことから話を始めていくことは，自然なことかもしれない．しかし，数直線については，このシリーズでも，『集合への30講』や『位相への30講』でも繰り返し述べてきた．ここでは少し趣を変えて，ごく日常的な話の仕方からスタートしてみよう．

高速道路ができるまで

数直線上の1点に立って，左右に限りなく延びている数直線を眺めている状況を想像し，これをまっすぐにどこまでも延びていく高速道路を，歩道橋の上から眺めている人になぞらえて話してみよう．

高速道路を軽快に流れる車の列を見下しながら，この人は往時を振り返り，こんなことを思っている．昔はここも道らしい道もなく，ただ等間隔に杉の木が植えられて，1本1本の杉は，空に向かって延びる美しい姿を示していた．やがて，この杉並木に沿って，等間隔に敷石が敷かれて細い一直線の道らしいものができてきた．

これが一直線につながっていく立派な道になると知ってから，まず杉は切り倒され，切株だけが残されて，これは等間隔の長さを示

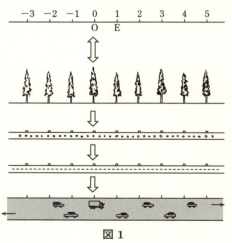

図1

す基準点としての道標の役目を果たすことになった．道幅は広げられ，敷石はしだいに細かいものにおきかえられていった．とびとびの敷石の間には，次々と細かく砕かれた敷石がおかれ，最後は細かい細かい砂で道は敷きつめられて，ひとまずどこまでも一直線に延びていく道は完成した．

　この細かい砂の粒子で蔽われた道は，ある基準点から別の基準点まで，同じ歩幅で歩いていく旅人にとっては，何の支障もなく歩ける快適な道であった．また歩数からいつでも歩いた距離が算出できた．

　ところが，自転車に乗った人がこの道を進もうとすると，砂の粒子の隙間に車輪が引っかかってうまく進めないのである．

　そこで最後に，砂の上にローラーをかけ，コンクリートで舗装して，道幅を広げ，いまの高速道路をつくったのである．この高速道路では，自動車は連続的にどんどん走っていく．道路を見ていて生じた回想はいつしか消えて，この車の流れに眼が移ってくる．追い越したり，追い越されたりするこの車の多様な動きを，どのようにいい表わしたらよいのだろうか．

数と数直線上の点

　上に述べたことを，もう少し数学的にいい直してみよう．杉の木が等間隔に並べられているとかいたのは，もちろん数直線上の整数点のことである．すなわち直線上に基準点 O，単位点 E をとって，O に 0，E に 1 と目盛りを与えて決まる，この直線上の整数目盛り

$$\ldots, -3, -2, -1, 0, 1, 2, 3, \ldots$$

をもつ点のことである．自然数 $\{1, 2, 3, \ldots\}$ は古くから知られていたが，0 や負の数が一般的に用いられるようになったのは 15〜16 世紀以後のことだから，比較的新しいことといってよい．だが，いまはそのような数学史的なことはもちろん問題としていない．数直線の考えの原型は，ユークリッドの『原論』の中の比例論の中で，線分比としてすでに見出せるという見方もあるかもしれないが，そこでの '通約量' という考えは，上の話では，整数の基準点——杉の木——の間に，等間隔に敷石を敷いていく考えに対応している．

　デカルト以後，数直線の考えがしだいに明確になり，私たちはいまではこの考

えに，十分なれ親しむようになってきている．しかし，数を数直線上の点として表わす観点は，1つ1つの数のもつ個性を消して，どの数も数直線上の1つの点として均質化してみる見方を導入したことになった．ギリシャでは，数のもつ個性に関心があって，たとえば

$$28 = 1 + 2 + 4 + 7 + 14 \quad (右辺は 28 の約数の和：ただし 28 は含まない)$$

は完全数であるというようなことに興味をもったのであるが，数直線上の点として 28 を表わせば，この点はこのような性質を何も物語っていない．個々の数のもつ性質は消えてしまった．この事情を上の話では，杉の木は切り倒され，それぞれの杉の木のもつ姿は消えて，切株だけが残ったとかいたのである．

近づいていく

　数が数直線上の点として表現されることによって，数のもつ1つ1つの特徴ある相は消えてしまった．数直線上における整数点の役目は，長さ1の等分点としての，長さの規準を与えることにあって，この間を m 等分していくことによって，有理数 $\dfrac{n}{m}$ を表わす数直線上の点が決まってくる．

　数直線上への表現によって，数はそのもつ個性を失ったが，その代り，数直線という1つの実体によって，数のつながり，または数の間の近さという感じが前面に出てきて，1つの統一された総合体系として認識されるようになってきた．

　そうすると，点を伝って数直線上のある場所に近づいていくという考えが生じてくる．ところが，このように'近づいていく'という性質を数に賦与してみると，有理数を座標にもつ点だけでは具合が悪いのである．有理数を座標にもつ点は，整数の基準点の間を等分して得られる点からなり，それらの点は一見したところ隙間のないように見えるほど多くあって，数直線上に互いに詰め合って入っている．だが，実際は隙間だらけであって，'近づいていく'という性質をここでは考えにくいのである．このことを上のたとえでは，細かい細かい砂粒で蔽われていると形容したのである．

実数の誕生

　隙間の場所を占めているのは，無理数を座標にもつ点である．たとえば $\sqrt{2} =$

1.4142⋯ は無理数だから，1と2の間にいくら等分点を増やしてみても，けっしてこの等分点のどれかと一致するということはない．しかし，$\sqrt{2}$ は

  1.4 　　（1と2の間を10等分したとき，左から4番目の点）

  1.41 　　（1と2の間を100等分したとき，左から41番目の点）

  1.414 　　（1と2の間を1000等分したとき，左から414番目の点）

  ⋮

という，1と2の間の等分点の近づく先となっている．

 すなわち，有理点だけでは，このように有理点の近づく先が，もはや有理点ではなくなることがあって，この場合有理点の中だけで考えると，近づく先を見失うのである．上の話では，自動車の車輪が，$\sqrt{2}$ という隙間に落ちて動かなくなったことに対応する．

 そのため，このような有理点が近づく先にすべて座標を与えて，数直線を完全なものにしておかなくてはならない．そうしないと，点が連続的に動き，近づいていく状況を，数によって表現できないのである．このようにして，有理点にさらに無理点をつけ加えることによって数直線が完成し，有理数と無理数からなる実数が誕生した．実数は，座標を通して，数直線上の点と完全に1対1に対応する．このことを前の話ではコンクリートで完全に舗装したことでたとえてみた．

実数の連続性

 さて，このように数直線を完全なものにしておくと，高速道路を滑らかに走る自動車は，数直線上の実数によって記述することができる．すなわち高速道路を走る自動車の走っていく様子は，起点から出発して t 分後に x m 走ったとして

$$x = f(t)$$

と表わされることになる．時間 t も数直線上を動く変数であり，走行距離 x もまた数直線上を動く変数である．このようにして，数直線上への表現を通して，1つのつながりをもった数——実数——が，さまざまな運動の流れを表現するのに，最も適した形をとるのである．

 つながりをもった数といういい方は，何かまだ納得できないかもしれない．ふつう実数の連続性とよばれているこの性質を，どのように数学的にいい表わした

らよいかということは，次の講のテーマとしよう．ここでの話からは，実数というものが時間・空間の中にある連続的な感覚を表現するのに，最も適したものであるということを感じとってもらえばよいのである．

Tea Time

有理数と無理数

有理数とは分数 $\frac{n}{m}$ (m, n は整数で $m \neq 0$) と表わされる数のことである．しかし，もし有理数の表示の仕方がこれしかなかったならば，有理数でない数として定義した無理数の表示の仕方を改めて考えなければならなかったろう．だが幸いなことに，有理数も無理数も小数展開によって表わすことができる．有理数の中には

$$\frac{2}{5} = 0.4, \quad \frac{3}{25} = 0.12$$

のように有限小数で表わされるものもあるが，

$$\frac{1}{6} = 0.1666\ldots, \quad \frac{7}{11} = 0.636363\ldots$$

のように無限小数で表わされるものもある．しかしこれらの無限小数は循環小数である．すなわち $\frac{1}{6}$ では，小数点 2 位以下から 6 が繰り返されているし，$\frac{7}{11}$ は，0.63 が 1 つの循環節となっている．

これに反し，無理数は，けっして循環しない無限小数によって表わされている．またこの性質が無理数を特性づけている．任意に 1 つ無理数 ω をとって，それを

$$\omega = 0.\alpha_1 \alpha_2 \alpha_3 \cdots \alpha_n \cdots$$

と無限小数で表わしたとき，ω は，有理数列

$$0.\alpha_1, \quad 0.\alpha_1\alpha_2, \quad 0.\alpha_1\alpha_2\alpha_3, \quad \ldots$$

の近づく先となっている．無理数は有理数によって，いくらでも近似していくことができる．この性質を，有理数は実数の中で稠密であるという．

質問 解析学というのは，数学の非常に広い分野を包括している名称であると聞

きましたが，たとえばどんな分野を含んでいるのでしょうか．

答 思い出すままに，解析学という名前で包括される分野をかき出してみよう．微分，積分，測度論，フーリエ級数，直交関数論，ポテンシャル論，変分法，調和解析，このほか複素数上の解析学として，一変数関数論，多変数関数論の大きな理論がある．また常微分方程式や偏微分方程式の研究を進める関数方程式の分野や，またこのような研究に統一的視野を与えているいろいろな関数空間を調べる理論も，関数解析学として，20世紀になって急速に進歩した．また確率論や整数論や幾何学の研究にも，解析的な方法を用いることは本質的なものとなっている．その意味では，解析学は，数学の中にあって底知れぬ広い海という感じなのである．

第2講

実数の連続性

テーマ
- ◆ 実数列の収束
- ◆ $\lim x_n = a$
- ◆ 閉区間,開区間,半開区間
- ◆ 実数の連続性：有界な単調増加数列は収束する.
- ◆ 無限小数展開と実数の連続性
- ◆ 区間縮小法

数列の収束

これからは，実数と数直線上の点とは区別しないで考えることにする．したがって実数列 $x_1, x_2, \ldots, x_n, \ldots$ が，n が大きくなるとき a に近づくということは，数直線上で $x_1, x_2, \ldots, x_n, \ldots$ を表わす点列が，a を表わす点に近づくことを意味している (図 2).

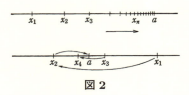

図 2

図を見れば一目瞭然のこのことを，もう少し数学的に述べることを考えてみよう．n が大きくなるとき x_n が a に近づくということは，図から明らかなように，n が大きくなるにつれ，x_n が a の足下（！）にどんどん凝集し，どこまでも密集していくような状況である．たとえば，a を中心にして $\frac{1}{1000}$ の範囲をかいておくと，ある番号，たとえば n_1 から先の x_n が，すべてその範囲内に入ってくるということである．また，a を中心にして $\frac{1}{100000}$ の範囲をかいておいても，番号 n_2 をずっと大きくとっておくと，$n \geqq n_2$ のとき x_n はこの範囲に入ってくる．

すなわち

$$x_1,\ x_2,\ \ldots,\ \overbrace{x_{n_1},\ \ldots,\ \overbrace{x_{n_2},\ \ldots,\ a}^{\frac{1}{100000}\text{以内}}}^{\frac{1}{1000}\text{以内}}$$

のような状況がおきている．

a を中心にして，どんな小さい範囲をとってもこのようなことがおきている．逆に，このような状況になっていれば，数列 $x_1, x_2, \ldots, x_n, \ldots$ は a に近づくといってよいだろう．これを定義として採用しよう．

【定義】 数列 $\{x_1, x_2, \ldots, x_n, \ldots\}$ に対して，ある数 a が存在して，次の性質をみたすとき，数列 $\{x_n\}\,(n=1,2,\ldots)$[1] は a に近づく，または a に収束するという：

どんな正数 ε をとっても，ある番号 N が存在して

$$n > N \implies |x_n - a| < \varepsilon.$$

記号 $\implies$ は，'ならば' と読んでおくとよい．数列 $\{x_n\}\,(n=1,2,\ldots)$ が a に近づくとき

$$\lim_{n \to \infty} x_n = a$$

と表わし，数列 $\{x_n\}$ の極限値は a であるという．lim は英語 limit の頭の 3 字である．$n \to \infty$ とかいてあるのは，n がどんどん大きくなることを示す，一種の動詞である．

この定義の中で，数直線はひとまず表面からは姿を消して，数の世界の中だけで，近づくという状況が述べられていることに注意を払う必要がある．その代償として，'どんな正数 ε をとっても' とか，'ある番号 N が存在して' というような，ある不定さが残る表現を用いることになっている．この不定さは，数列がある数に近づく近づき方の，多様さを示しているともいえるだろう．

閉区間，開区間，半開区間

2 つの実数 $a, b\ (a < b)$ が与えられたとき

$$a \leqq x \leqq b$$

をみたす実数 x 全体の集りを，$[a, b]$ と表わし，(端点 a, b の) 閉区間という：

---

[1] 数列 $x_1, x_2, \ldots, x_n, \ldots$ とかくところを，このように略記する．

$$[a,b] = \{x \mid a \leqq x \leqq b\}$$

同様に

$$(a,b) = \{x \mid a < x < b\}$$

とおき，(a,b) を (端点 a, b の)開区間という．閉区間 $[a,b]$ は端点を含んでいるが，開区間 (a,b) は端点を含んでいない．

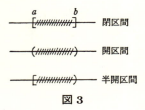

図 3

また

$$[a,b) = \{x \mid a \leqq x < b\}$$
$$(a,b] = \{x \mid a < x \leqq b\}$$

とおき，このような形の区間を半開区間という．

実数の連続性

実数のつながっている様子——実数の連続性——をいい表わすのに，いろいろないい方があるが，ここでは次のような，'有界な単調増加数列は必ずある実数に収束する' という性質を，連続性の出発点としよう．

【実数の連続性】　数列 $\{x_1, x_2, \ldots, x_n, \ldots\}$ が

　　単調性：$x_1 < x_2 < \cdots < x_n < \cdots$

　　有界性：実数 K が存在して，すべての x_n に対して $x_n < K$

をみたすとする．このときある実数 a が存在して

$$\lim_{n \to \infty} x_n = a$$

となる．

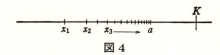

図 4

図4で見ると明らかなように，数列 $\{x_n\}$ を数直線上の点として表わしてみると，$\{x_n\}$ は前へ前へと進んでいく人の群れのような観を呈している．この行く先は '壁' K で押えられているのだから，$\{x_n\}$ はどこかに密集していかなくてはならない．この密集する究極の点が a である．これは当り前のことではないかといわれれば，確かにそうなのである．したがって，実数の連続性をそのまま認めてしまっても一向に差し支えない．

だが，実数は無限小数展開として表わされる数であるとして認めたときに，この連続性の性質が成り立つことをどうやって示すのかと思われる人がいるかもしれない．そのため，上の実数の連続性と無限小数展開が，どのように結びつくのかを次節で述べておこう．

実際は，無限小数展開自身，すでに極限概念を含んでいるのだから，筋道からいえば，むしろ上の実数の連続性を認めて，そこから無限小数展開の可能性を論じていくことになるのだろうが，それはいかにも専門家好みであり，ここではその道をとらなかった．

実数の連続性と無限小数展開

無限小数展開で表わされる数が実数であるということを前提とした上で，実数の連続性を示そう．

ここでまず有限小数は，ただ1通りに無限小数として表わされることを注意しておこう．たとえば

$$1 = 0.999\cdots, \quad 0.27 = 0.26999\cdots$$

いま簡単のため，与えられた増加数列 $x_1 < x_2 < \cdots$ で，$x_1 = 1$ としよう．このとき，すべての n に対して $1 < x_n$ となる．またこれも簡単のため，有界性を保証する '壁' K は，自然数で与えられているとする．

証明したいことは，$\lim_{n\to\infty} x_n = a$ となる実数 a が存在することである．

半開区間 $(0, K]$ を，長さ1の K 個の半開区間

$$(0,1], \quad (1,2], \quad (2,3], \ldots, (K-1, K]$$

に分割する．まず次のことを示そう．

この K 個の半開区間のうちのただ1つの中に，ある番号から先の x_n がすべて含まれている．

実際，無限個の $x_1, x_2, \ldots$ が K 個の半開区間のどれかに入っているのだから，少なくとも 1 つの半開区間の中には無限個の x_n が入っていなくてはならない．そのような半開区間を $(c, c+1]$ とする．ここで $x_{n_1} \in (c, c+1]$ とする．もし $x_{n_1} < x_m$ となる x_m で $(c, c+1]$ に含まれないものがあれば，$(c, c+1]$ に含まれている x_n は高々 $x_{n_1}, x_{n_1+1}, \ldots, x_{m-1}$ だけである．これは $(c, c+1]$ に無限に x_n が含まれていたことに矛盾する．したがって $n \geqq n_1 \Longrightarrow x_n \in (c, c+1]$. これで示された．

次に $(c, c+1]$ を長さ $\dfrac{1}{10}$ の，10 個の半開区画

$$\left(c, c+\frac{1}{10}\right], \ \left(c+\frac{1}{10}, c+\frac{2}{10}\right], \ \ldots, \ \left(c+\frac{9}{10}, c+1\right]$$

に分割する．$(c, c+1]$ の中には，$x_{n_1}, x_{n_1+1}, \ldots$ がすべて含まれているから，上と同じ推論で，この半開区間の中の 1 つ，それをたとえば $\left(c+\dfrac{3}{10}, c+\dfrac{4}{10}\right]$ とすると，ある番号 n_2 から先の x_n がすべて含まれていなくてはならない．

$$n \geqq n_2 \Longrightarrow x_n \in \left(c+\frac{3}{10}, c+\frac{4}{10}\right]$$

このことは，無限小数展開したとき，$n \geqq n_2$ ならば，x_n の小数点第 1 位が 3 となること，すなわち

$$x_n = c.3\cdots\cdots$$

と表わされることを意味している．

半開区間 $\left(c+\dfrac{3}{10}, c+\dfrac{4}{10}\right]$ を，さらに長さ $\dfrac{1}{100}$ の 10 個の半開区間

$$\left(c+\frac{3}{10}, c+\frac{3}{10}+\frac{1}{100}\right], \ \left(c+\frac{3}{10}+\frac{1}{100}, c+\frac{3}{10}+\frac{2}{100}\right],$$
$$\ldots, \ \left(c+\frac{3}{10}+\frac{9}{100}, c+\frac{4}{10}\right]$$

に分割する．上と同じ推論で，このうちの 1 つにはある番号から先の x_n がすべて含まれていなくてはならないことがわかる．たとえば

$$n \geqq n_3 \Longrightarrow x_n \in \left(c+\frac{3}{10}+\frac{5}{100}, c+\frac{3}{10}+\frac{6}{100}\right]$$

が成り立つ．このことは，$n \geqq n_3$ のとき，x_n を無限小数展開すると

$$x_n = c.35\cdots\cdots$$

となることを意味している．

同様のことを繰り返していくと，十分大きい番号 n_k をとると，$n \geqq n_k$ のとき
$$x_n = c.35\alpha_3\alpha_4\cdots\alpha_k\cdots\cdots$$
と，小数点以下 k 位のところまですべて同じ値でそろうことになる．

この操作をどこまでも続けていくことにより——実際はこの可能性の保証に実数の連続性があるのだが，いまの場合，無限小数展開の可能性を仮定しているから，この論点がおき代ったのである——，実数
$$a = c.35\alpha_3\alpha_4\cdots\alpha_k\cdots$$
が得られる．x_n の無限小数展開は，n が大きくなるにつれ，しだいに a の小数展開に重なるように一致してくるのだから
$$\lim_{n\to\infty} x_n = a$$
である．これで実数の連続性が示された．

区間縮小法

実数の連続性は，不等号 $<$ の代りに $\leqq$ をおいて，次のようにいってもよい．

$$x_1 \leqq x_2 \leqq \cdots \leqq x_n \leqq \cdots < K$$
ならば，ある実数 a が存在して $\lim_{n\to\infty} x_n = a$

実際，ある番号 N があって，$n \geqq N$ のとき $x_N = x_{N+1} = \cdots = x_n = \cdots$ が成り立つならば，$a = x_N$ とおくとよい．そうでなければ $x_{n_1} < x_{n_2} < \cdots < x_{n_k} < \cdots$ となる部分数列がとれるから，前に述べた場合になっている．なおこのとき，すなわち $x_n < K$ が成り立つとき<u>単調増加数列 $\{x_n\}$ は上に有界である</u>という．

また $x_n \leqq x_{n+1}$ ならば $-x_n \geqq -x_{n+1}$ であり，$x_n \to a$ ならば $-x_n \to -a$ である．したがって，$-x_n$ を改めて x_n とかき直し，$-a$ を b とおくと次の結果が得られる．

$$x_1 \geqq x_2 \geqq \cdots \geqq x_n \geqq \cdots > K'$$
ならば，ある実数 b が存在して $\lim_{n\to\infty} x_n = b$

このとき単調減少数列 $\{x_n\}$ は下に有界であるという.
この2つを併せた形で次の区間縮小法が成り立つ.

2つの整列 $\{x_n\}$ と $\{y_n\}$ が
$$x_1 \leqq x_2 \leqq \cdots \leqq x_n \leqq \cdots \leqq y_n \leqq \cdots \leqq y_2 \leqq y_1$$
という関係をみたし,かつ
$$\lim_{n\to\infty}(y_n - x_n) = 0$$
ならば,ある実数 a が存在して
$$\lim_{n\to\infty} x_n = \lim_{n\to\infty} y_n = a$$

【証明】 まず $x_1 \leqq x_2 \leqq \cdots \leqq y_1$ により,$\{x_n\}$ が上に有界のことがわかる.同様に $y_1 \geqq y_2 \geqq \cdots \geqq x_1$ により,$\{y_n\}$ が下に有界のことがわかる.したがって実数の連続性により,ある実数 a と b が存在して
$$\lim_{n\to\infty} x_n = a, \quad \lim_{n\to\infty} y_n = b$$
となる.明らかに $a \leqq b$ である.$x_n \leqq a$, $y_n \geqq b$ により
$$y_n - x_n \geqq b - a \geqq 0$$
この式で $n \to \infty$ とすると,$a = b$ が得られる. ∎

区間縮小法という名前は,上のことを次のように,数直線上の閉区間の減少列に関する命題としてかき直すことができるからである.

閉区間の減少列
$$[x_1, y_1] \supset [x_2, y_2] \supset \cdots \supset [x_n, y_n] \supset \cdots$$
が与えられて,$x_n - y_n \to 0\ (n \to \infty)$ をみたすならば,ある点 a が存在して
$$\bigcap_{n=1}^{\infty} [x_n, y_n] = \{a\}$$

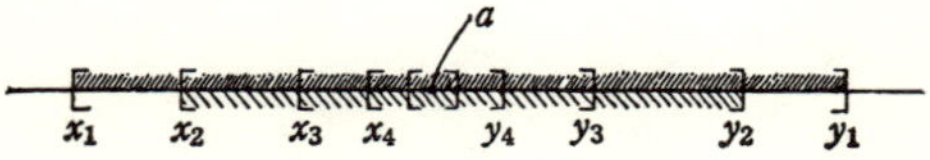

図 5

Tea Time

 命題と否定命題

　数学では，ある命題を示すとき，しばしば背理法を用いる．背理法とは，'いま，証明すべき命題が成り立たなかったとしよう．そのとき … が成り立つことになる．これはしかし矛盾を含んでいる．したがって命題は成り立たなくてはいけない' という論法である．数学ではこの論法を用いることが多いのであるが，その際，与えられた命題の否定，上の文章では … の部分，を正しく述べることができないと，背理法はなかなか理解しにくいのである．ここでは，命題と否定命題について，簡単な例で学んでおこう．

　命　題　「すべての男性は，ある女性と結婚することができる」
　この否定は次のようになる．
　否定命題　「ある男性がいて，この人はどの女性とも結婚できない」

　'すべての' というとき，数学では記号 $\forall$ を用いる．また 'あるものが存在する' というとき，記号 $\exists$ を用いる．この記号を使うと，上の命題，否定命題は，次のように多少わかりやすい形でかくことができる．

　命　題　「$\forall$ 男 $\exists$ 女：男は女と結婚できる」
　否定命題　「$\exists$ 男 $\forall$ 女：男は女と結婚できない」

　ただし，否定命題の方では，男が限定されてしまっているから，「ある男 X_0 氏がいて」とかいた方がよいかもしれない．そうすると，上の否定命題のかき方は

　否定命題　「$\exists$ 男 $X_0 \forall$ 女：X_0 は女と結婚できない」

となる．
　数学の命題に対する応用例として，次のような命題を考えよう．数列 $\{x_1, x_2, \ldots, x_n, \ldots\}$ と，実数 a が与えられたとする．

　命　題　「どんな小さい数 ε をとっても，ある番号 N で
$$|x_N - a| < \varepsilon$$
となるものがある」

　これを $\forall$ と $\exists$ を用いてかくと
$$\lceil \forall \varepsilon > 0 \; \exists N : |x_N - a| < \varepsilon \rfloor$$
となる．したがってこの否定命題は，

　否定命題　「$\exists \varepsilon_0 > 0 \; \forall N : |x_N - a| \geqq \varepsilon_0$」

である．同じことを記号を用いないでかけば，次のような表現になる．

「ある正数 ε_0 が存在して，すべての N に対して $|x_N - a| \geqq \varepsilon_0$ となる」
さて，もう1歩進めて，数列 $\{x_n\}$ が a に収束するという命題
「どんな正数 ε をとっても，ある番号 N が存在して
$$n > N \Longrightarrow |x_n - a| < \varepsilon$$
の否定命題を考えてみよう．まずこの収束するという命題は記号 $\forall$ と $\exists$ を用いると
$$\lceil \forall \varepsilon > 0, \exists N, \forall n \geqq N : |x_n - a| < \varepsilon \rfloor$$
と表わされることを注意しよう．したがってこの否定命題は
$$\lceil \exists \varepsilon_0 > 0, \forall N, \exists n_0 \geqq N : |x_{n_0} - a| \geqq \varepsilon_0 \rfloor$$
となることが予想される．そしてこれは実際正しい否定命題の述べ方となっている．

このことはふつうの言葉でかけば，次のようになる．

> 数列 $\{x_n\}$ が a に収束しないということは，次のことと同値である：
> ある正数 ε_0 をとると，どんな番号 N をとっても，N より大きいある番号 n_0 が存在して
> $$|x_{n_0} - a| \geqq \varepsilon_0$$
> が成り立つ．

直観的には，このことは，先生が「十分先からの x_n は a の近く ε_0 の範囲に集合！」と号令をかけてみても，いつまでたってもそこに入ってこない，先生のいうことをきかない生徒 x_{n_0} を見つけることができるということである．

第 3 講

上限，下限，コーシー列

> **テーマ**
> ◆ 上に有界な集合 M
> ◆ M の上界；上界の中の最小元を M の上限といい $\sup M$ で表わす．
> ◆ $\sup M$ の存在は，実数の連続性から導かれる．
> ◆ 下に有界な集合 N，下界，下限 $\inf N$
> ◆ コーシー列；コーシー列は収束する．
> ◆ 上極限，下極限

上に有界な集合

実数の空でない部分集合 M が上に有界であるとは，ある数 K が存在して，M に属するすべての数 x に対して

$$x \leqq K \quad (x \in M) \tag{1}$$

が成り立つことである．

すなわち，M が上に有界であるということは，数直線上でいえば，M に属する点がすべて K より左にあるということである．

いま，上に有界な集合 M が与えられたとする．このとき，M に属するすべての数 x に対して，(1) が成り立つような K を M の上界という．たとえば，$M = [1,5]$ のときには，M の上界の集合は

$$\{K \mid K \geqq 5\}$$

で与えられる．閉空間の代りに開区画 $(1,5)$ をとっても上界の集合は同じである．

M の上界の集合に最小の数があるかないかを問題としたいのであるが，もし最小の数 a が存在したとすると，a はどのような性質をみたさなくてはいけないかを見てみよう．まず a は上界の数なのだから，(1) が成り立たなくてはならない．

すなわち

 (i)　M に属するすべての数 x に対して $x \leqq a$.

次に，a は上界の中で最小な数ということなのだから，どんな小さい正数 ε をとっても，$a-\varepsilon$ はもう上界ではないことになる．上界ではないということは，

 (ii)　M に属するある数 x が存在して $a-\varepsilon < x$ となることである．

そこで次の定義をおく．

【定義】　上の有界な集合 M に対して (i)，および任意の正数 ε に対して (ii) が成り立つような数 a を M の上限といい，$\sup M$ で表わす．

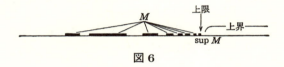

図 6

すなわち $a = \sup M$ とおく．sup は英語の supremum の略である．

M の上限は，もし存在すれば，それはただ 1 つである．なぜなら，もし 2 つあったとしてそれを a, a' とし，$a' - a = \varepsilon > 0$ とすると，(i) と (ii) からある $x \in M$ で
$$a = a' - (a' - a) < x \leqq a$$
となるものがあることになり，矛盾が導かれるからである．

上限の存在

いままでの話は，上限があるとしての話である．しかし上に有界な集合に対して，上限が存在するかどうかは，あまり明らかなことではない．なぜなら，有理数しか知らない人は
$$M = \{x \mid x^2 < 2\}$$
という集合には上限がないというだろう (実数を知っていれば，上限は $\sqrt{2}$ である)．実際，以下の証明でもわかるように，上限の存在には実数の連続性が深くかかわっている．

> 上に有界な集合 M には，$\sup M$ が存在する．

【証明】 M の元 x_1 と上界の元 y_1 を 1 つずつとる。x_1 と y_1 の中点は $\frac{x_1+y_1}{2}$ である。

$\frac{x_1+y_1}{2}$ が M の上界でないならば

$$x_2 = \frac{x_1+y_1}{2}, \quad y_2 = y_1$$

とおく。$\frac{x_1+y_1}{2}$ が M の上界ならば

$$x_2 = x_1, \quad y_2 = \frac{x_1+y_1}{2}$$

とおく。

次に, x_2 と y_2 の中点 $\frac{x_2+y_2}{2}$ を考える。

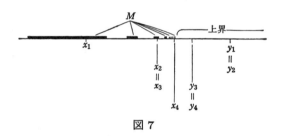

図 7

$\frac{x_2+y_2}{2}$ が M の上界でないならば

$$x_3 = \frac{x_2+y_2}{2}, \quad y_3 = y_2$$

とおく。$\frac{x_2+y_2}{2}$ が M の上界ならば

$$x_3 = x_2, \quad y_3 = \frac{x_2+y_2}{2}$$

とおく。

この操作を順次続けていくと

$$x_1 \leqq x_2 \leqq \cdots \leqq x_n \leqq \cdots \leqq y_n \leqq \cdots \leqq y_2 \leqq y_1$$

という系列が得られる。ここで各 x_n は M の上界でないから, $x_n \leqq z$ をみたすある $z \in M$ があることを注意しておこう。各 y_n は M の上界である。また $[x_n, y_n]$

から次の区間 $[x_{n+1}, y_{n+1}]$ へ移るとき，区間の長さは半分になっている．したがって
$$y_n - x_n = \frac{1}{2^{n-1}}(y_1 - x_1) \longrightarrow 0 \quad (n \to \infty)$$
である．

ゆえに区間縮小法によって，ある実数 a が存在して
$$\lim_{n\to\infty} x_n = \lim_{n\to\infty} y_n = a$$
となる．この a が M の上限 $\sup M$ を与えていることは，ほとんど明らかなことであろう．x_n は左から，y_n は上界を伝って右から，M の上限 a に近づいている．

下に有界な集合と下限の存在

上に有界な集合 M と，M の上限 $\sup M$ に対応して，下に有界な集合 N と，N の下限 $\inf N$ を考えることができる．

実数の空でない部分集合 N が下に有界であるとは，ある数 K が存在して，N に属するすべての数 y に対して
$$K \leqq y \tag{2}$$
が成り立つことである．数直線上でいえば，N に属する点は，それ以上左へ越えられないという '壁' K をもっている．(2) の性質をもつ数 K を N の下界という．

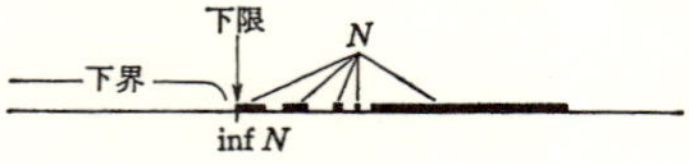

図 8

N を下に有界な集合とする．N の下界の中で最大の数を N の下限といって，$\inf N$ とかく．$\inf$ は英語の infimum の略である．$b = \inf N$ とおくと，上限の性質 (i), (ii) に対応して，b は次の性質で特性づけられる：

 (i)′　N に属するすべての数 y に対して $b \leqq y$．
 (ii)′　どんな正数 ε をとっても，N に属するある数 y が存在して $y < b + \varepsilon$．

そのとき，上と同様にして，実数の連続性から，次のことが成り立つ．

> 下に有界な集合 N には，$\inf N$ が存在する．

コーシー列

　数列 $\{x_1, x_2, \ldots, x_n, \ldots\}$ が，番号 n が大きくなるにつれて，しだいに密集していく状況を示すとき，コーシー列という．密集していくという感じを日常的なところで経験するのは，ラッシュアワーで駅のホームにたくさんの人がいるとき，電車が入ってきて，到着した電車の1つの扉に人が殺到するときである．扉の近くにいる人は，お互い，ぶつかり合い，揉み合うようになる．数直線上の点列と，この人の群れとの違いは，点には大きさはないが，人には大きさがあるということである．したがって人がぶつかり合うというような状況は，点と点との相互の距離がどんどん小さくなるというような表現におきかえておかなくてはならない．そしてこのようにいい直したものが，ちょうどコーシー列の定義になっている．すなわち

【定義】 どんな正数 ε をとっても，番号 N を十分大きくとると

$$m, n > N \implies |x_m - x_n| < \varepsilon$$

が成り立つとき，数列 $\{x_n\}$ はコーシー列であるという．

　もし数列 $\{x_n\}$ $(n = 1, 2, \ldots)$ が a に収束しているならば，$\{x_n\}$ はコーシー列である．なぜなら

$$|x_m - x_n| \leqq |x_m - a| + |x_n - a| \longrightarrow 0 \quad (m, n \to \infty)$$

となり，したがって m, n を十分大きくとると，$|x_m - x_n|$ はいくらでも小さくすることができるからである．

　それでは逆にコーシー列——密集する数列——は，ある実数に収束しているといいきれるだろうか．実際は，必ずある実数に収束しているのだが，その保証を与えるのは実数の連続性である．そのことは次の証明を見るとわかる．

> 任意のコーシー列 $\{x_1, x_2, \ldots, x_n, \ldots\}$ は，必ずある数 a に収束する．

【証明】 コーシー列 $\{x_n\}$ が密集していく状況を捉えるために

$$X_n = \inf_{m \geqq n} x_m, \quad Y_n = \sup_{m \geqq n} x_m$$

とおく．X_n, Y_n の定義は少しわかりにくいかもしれないが，ホームにいる人の例でたとえてみれば，X_n は，n 番目から先の人をホームの左側から押えている駅員のようなものだし，Y_n はホームの右側から押えている駅員のようなものである．

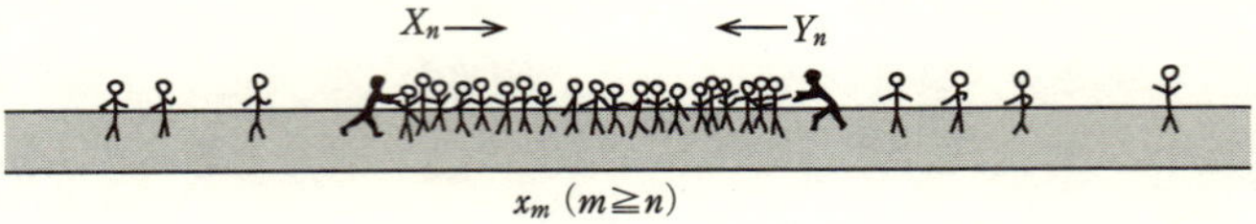

図 9

$X_n \leqq Y_n$ であるが，コーシー列の定義から，n が大きくなると，$\{x_n, x_{n+1}, \ldots, x_m, \ldots\}$ の相互の距離はいくらでも小さくなるのだから

$$Y_n - X_n \longrightarrow 0 \quad (n \to \infty)$$

が成り立っている．また上のホームの駅員のたとえからもすぐにわかるように

$$X_1 \leqq X_2 \leqq \cdots \leqq X_n \leqq \cdots \leqq Y_n \leqq \cdots \leqq Y_2 \leqq Y_1$$

である．したがって区間縮小法により，ある実数 a が存在して

$$\lim_{n \to \infty} X_n = \lim_{n \to \infty} Y_n = a$$

となる．このとき明らかに

$$\lim_{n \to \infty} x_n = a$$

となっている．

なお，コーシー列は必ず収束するという性質を，'実数は完備である' といい表わすことが多い．

上極限，下極限

コーシー列のように，しだいに1点に密集していくときには，上の証明の中で与えた数列 $\{X_n\}, \{Y_n\}$ は，それぞれ左と右から同じ1点に収束するが，一般の数列のとき，$\{X_n\}, \{Y_n\}$ はどのようになるかもついでに調べておこう．

いま，有界な数列 $\{x_1, x_2, \ldots, x_n, \ldots\}$ が与えられたとしよう．このとき上と同様に

$$X_n = \inf_{m \geqq n} x_m, \quad Y_n = \sup_{m \geqq n} x_m$$

とおく．

今度は雑然とホームに並んでいるたくさんの人を想像してみるとよい．たとえをわかりやすくするために，これらの人たちは背番号をつけているとする．X_n は，n 番目から先の人を左側から押える駅員のようなものであり，Y_n は右側から押える駅員のようなものである．この状況は前のコーシー列のときと変わらない．状況が変わるのは，ホームの左側にも右側にも，背番号の大きい人がいつまでもうろうろしているようなときである．このようなときには，n をいくら大きくしても Y_n と X_n の距離は縮まらない．

数列でいえば，
$$x_n = (-1)^n \left(1 - \frac{1}{n}\right) \quad (n = 1, 2, \ldots)$$
の場合には，$x_{2n} \to 1, x_{2n+1} \to -1 \ (n \to \infty)$ で，$-1 < x_n < 1$ だから，この数列は，$[-1, 1]$ のホームの両側に向かっていつまでも広がっている．したがってこのときには，$X_n = -1, Y_n = 1 \ (n = 1, 2, \ldots)$ である．

明らかに，一般に
$$X_1 \leqq X_2 \leqq \cdots \leqq X_n \leqq \cdots \leqq Y_n \leqq \cdots \leqq Y_2 \leqq Y_1$$
が成り立つ．したがって，有界な数列 $\{x_n\}$ に対して，常に
$$\lim_{n \to \infty} X_n, \quad \lim_{n \to \infty} Y_n$$
が存在することがわかる．

【定義】 有界な数列 $\{x_n\}$ に対して
$$\underline{\lim} x_n = \lim_{n \to \infty} X_n$$
$$\overline{\lim} x_n = \lim_{n \to \infty} Y_n$$
とおき，$\underline{\lim} x_n$ を $\{x_n\}$ の下極限，$\overline{\lim} x_n$ を $\{x_n\}$ の上極限という．

$\lim X_n, \lim Y_n$ が存在するというところに実数の連続性を用いたことに注意すると，次の結果はやはり 1 つの命題となるのである．

任意の有界な数列 $\{x_n\}$ に対して，上極限，下極限は存在する．

さて，上のたとえに戻っていえば，X_n の右側近くには，いつでも人がいる．したがって $n \to \infty$ とした極限 $\lim X_n$ の近くには人は密集していることになる．同様に $\lim Y_n$ の近くにも人は密集している．一方 $[X_n, Y_n]$ の外に立っている人は，高々 $\{x_1, x_2, \ldots, x_{n-1}\}$ の中の何人かにすぎない．

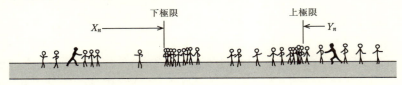

図 10

このような考察を，数学的に整えた形で述べてみると，次の命題が成り立つことが証明される．

下極限 $\underline{\lim} x_n$ は次の性質をもつ：

 i) どんな正数 ε をとっても，$x_n < \underline{\lim} x_n - \varepsilon$ となる x_n は高々有限個．

 ii) どんな正数 ε をとっても，$x_n < \underline{\lim} x_n + \varepsilon$ となる x_n は無限に多くある．

上極限 $\overline{\lim} x_n$ は次の性質をもつ：

 i) どんな正数 ε をとっても，$x_n > \overline{\lim} x_n + \varepsilon$ となる x_n は高々有限個．

 ii) どんな正数 ε をとっても，$x_n > \overline{\lim} x_n - \varepsilon$ となる x_n は無限に多くある．

なお，記号 $\underline{\lim}$, $\overline{\lim}$ の代りに，$\liminf$, $\limsup$ を使うこともある．

問 1 任意の有界な数列 $\{x_n\}$ に対して $\{x_n\}$ が収束することと，$\overline{\lim} x_n = \underline{\lim} x_n$ が成り立つことは同値であることを示せ．

問 2 2つの数列 $\{x_n\}$, $\{y_n\}$ があって，$x_n \leqq y_n$ $(n = 1, 2, \ldots)$ が成り立つならば

$$\underline{\lim} x_n \leqq \underline{\lim} y_n, \quad \overline{\lim} x_n \leqq \overline{\lim} y_n$$

を示せ.

Tea Time

質問 実数については，『集合への 30 講』でも『位相への 30 講』でも学びました．似たような話が重なっているようですが，これから話はどのように進むのでしょうか．

答 実数は，数学の基盤をつくっている最も重要な概念であるが，そのもつ性質は底知れぬほど深い．したがって，数学のいろいろな分野でまず実数が登場し，そこに別々の角度から光が当てられるのである．集合論では，実数をひとまず完全にばらばらにして，その元の個数――濃度――に注目した．位相では，近さの性質に注目して，実数のもつ近さの性質を，一般の距離空間論，さらに位相空間論をつくる足がかりとした．解析学では，実数の近さと，実数の中にある四則演算とが，関数概念の中で，どのようにいきいきと，また複雑な様相をもって互いに絡み合いながら動いていくかを見ようとする．これは実数の中から湧き上がるひとつの調べのようなものであって，この主題を，一言で述べることは難しい．

第 4 講

実 数 の 相

テーマ
- ◆ 平行移動
- ◆ 相似写像
- ◆ 数直線は加法については均質性を保つが，乗法については均質性を示さない．
- ◆ 加法と乗法の対応
- ◆ 対応 $x \longrightarrow \frac{1}{x}$ $(x>0)$；乗法的な見方では 1 を中心とする反転

以下では，関数や関数のグラフについて，ごく基本的なことは知っているとして話を進めていくことにする．あるいは，話の途中でおいおい思い出してもらうということでもよいのである．

平 行 移 動

実数 x に対して，$x+2$ を対応させる対応

$$x \longrightarrow x+2$$

は，数直線でいえば，$1,2,3,\ldots$ という目盛りを，$3,4,5,\ldots$ という目盛りに対応させる対応である．したがって，この対応で数直線は 2 だけ右の方向にスライドする．

一般に，対応

$$x \longrightarrow x+a \tag{1}$$

を，(a だけの) 平行移動という．平行移動しても，線分の長さは変わらない．

関数 $y=f(x)$ が与えられたとき，変数 x に平行移動 (1) を行うと，新しい関数

$$y=f(x+a)$$

が得られる．

$$f_a(x) = f(x+a)$$

とおこう. $f_a(0) = f(a)$, $f_a(1) = f(1+a)$, $f_a(2) = f(2+a)$, ... となる. このことから, $y = f(x)$ のグラフと, $y = f_a(x)$ ($= f(x+a)$) のグラフとの関係は, 図11のようになることがわかる.

すなわち, $y = f(x+a)$ のグラフは, $y = f(x)$ のグラフを, 座標平面上で $-a$ だけ平行移動したものとなっている.

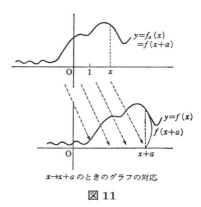

図 11

相似写像

a を 0 と異なる実数とする. 実数 x に対して, ax を対応させる対応

$$x \longrightarrow ax \tag{2}$$

を, (原点を中心とした) 相似写像という.

5つの場合に分けて考えよう.

(i) $a > 1$ のとき

このとき (2) は, 数直線の目盛りを a 倍に拡大する写像である. たとえば a が 5 のとき, 対応は次のようになる.

x	$\cdots$	-2	-1	$-\frac{1}{2}$	0	$\frac{1}{3}$	1	2	3	$\cdots$
$5x$	$\cdots$	-10	-5	$-\frac{5}{2}$	0	$\frac{5}{3}$	5	10	15	$\cdots$

(ii) $0 < a < 1$ のとき

このとき (2) は, 数直線の目盛りを a 倍に縮小する写像である. たとえば a が $\frac{1}{3}$ のとき, 対応は次のようになる.

x	$\cdots$	-2	-1	$-\frac{1}{2}$	0	$\frac{1}{3}$	1	2	3	$\cdots$
$\frac{1}{3}x$	$\cdots$	$-\frac{2}{3}$	$-\frac{1}{3}$	$-\frac{1}{6}$	0	$\frac{1}{9}$	$\frac{1}{3}$	$\frac{2}{3}$	1	$\cdots$

(iii) $a < -1$ のとき

このときは，対応 $x \to |a|x$ は (i) の場合となり，次に -1 を乗じて，原点を中心にして，数直線を $180°$ 回転する (このとき，正の方向と負の方向が入れかわる)：

$$x \xrightarrow[\text{拡大}]{} |a|x \xrightarrow[\substack{180°回転\\(正負の符号を変える)}]{} -|a|x = ax$$

(iv) $-1 < a < 0$ のときも同様：

$$x \xrightarrow[\text{縮小}]{} |a|x \xrightarrow[\substack{180°回転\\(正負の符号を変える)}]{} -|a|x = ax$$

(v) $a = \pm 1$ のとき

$a = 1$ のときは恒等対応．$a = -1$ のときは，正負の符号を変える．

$a > 0$ のとき，関数 $y = f(x)$ のグラフと，$y = f(ax)$ のグラフとの対応関係は，図 12 のようになっている．すなわち $y = f(ax)$ のグラフは，$y = f(x)$ のグラフを，y 軸の方へ向けて $\dfrac{1}{a}$ だけ押しつめた形になっている．

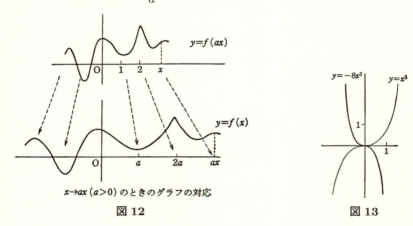

図 12　　　　　　　　図 13

$a < 0$ のときには，$y = f(ax)$ のグラフは，$y = f(|a|x)$ のグラフを，y 軸を対称軸として，対称に移したものとなっている．図 13 では，$f(x) = x^3$，$a = -2$ のとき，$f(-2x) = -8x^3$ のグラフをかいてみた．

加法と乗法

平行移動と相似写像について少し詳しくかいたのは，次のことに注意してもらいたかったからである．

数直線は，平行移動——加法——については，そのままの均質性を保っている．それはただ数直線上にある目盛りの位置をスライドさせるだけである．

一方，数直線は，相似写像——乗法——に対してはちょうどゴム紐が引きのばされるような様子となって，目盛りの規準の長さは変わってくる．しかしこの場合でも，まったくでたらめに伸縮するわけではないのだから，なお均質性はある意味で保たれているといってよいのかもしれない．

実数は，加法の相と乗法の相と，2つの相をもっている．数直線の構造は，加法に対してはなじみやすい形をとっているが，実は乗法に対しては，それほど自然な構造をもっていない．それがもっともはっきりした形をとって現われるのは，次の加法と乗法の演算規則の対応を，数直線上で見ようとするときである．

加　　法	乗　　法
$x + 0 = x$	$x \cdot 1 = x$
特に	特に
$0 + 0 = 0$	$1 \cdot 1 = 1$
$x - x = 0$	$x \cdot \frac{1}{x} = 1$

$$0 \quad \longleftarrow \cdots\cdots \longrightarrow \quad 1$$
$$\boldsymbol{R} \quad \longleftarrow \cdots\cdots \longrightarrow \quad \boldsymbol{R}^+$$
$$x > 0 \quad \longleftarrow \cdots\cdots \longrightarrow \quad x > 1$$
$$x < 0 \quad \longleftarrow \cdots\cdots \longrightarrow \quad 0 < x < 1$$

この表のことを説明してみよう．xに0を加えても変わらない．乗法で0に対応するのは1であって，xに1をかけても変わらない．

xが与えられたとき，xに加えると0になる数，すなわち$x + y = 0$となる数yは$-x$で表わした．対応することを乗法で考えると，$x \cdot y = 1$となるyは$\frac{1}{x}$である．

0から出発して，右の方(正の方)に等間隔に自然数の目盛りをつけて，まず数直線を右の方へ延ばし，それから次にマイナスの符号を一斉につけて，0から左の方(負の方)に数直線を対称に延ばして，それによって数直線を完成させたのは加法的な考えが基礎になっている．

乗法から出発するならば，まず1から出発して右の方に数直線を延ばし(目盛

りのつけ方をどうするかに問題はあるとしても），次に x に対して $\dfrac{1}{x}$ を対応させることによって，開区間 $(0,1)$ に目盛りを与えて，これで数直線がひとまず完成することになるだろう．

すなわち加法のときの正の数，負の数の範囲は，純粋に乗法の立場だけから見るならば，今度は $x>1$ という x の範囲と，$0<x<1$ という x の範囲が対応することになる．表の中で $\boldsymbol{R}^+$ とかいたのは，正の実数の集合 $\{x\mid x>0\}$ のことである．

この加法と乗法との対応は，指数関数と対数関数を知っている人は
$$x \longrightarrow e^x \quad (\text{加法} \longrightarrow \text{乗法})$$
$$x \longrightarrow \log x \quad (\text{乗法} \longrightarrow \text{加法})$$
で与えられていることに気づくだろう (Tea Time 参照).

対応 $x \to \dfrac{1}{x}$

上の説明から，$\boldsymbol{R}^+$ から $\boldsymbol{R}^+$ への対応
$$x \longrightarrow \dfrac{1}{x}$$
は，1 を中心にして，$(1,\infty)^{1)}$ を，$(0,1)$ へ反転させる写像であって，加法的な立場では x に $-x$ を対応させることに相当している．

ここで改めて，よく知られている
$$y = \dfrac{1}{x} \quad (x>0)$$
のグラフ (図 14) を見てみると，逆数をとることにより，半直線 $(1,\infty)$ が開区間 $(0,1)$ へ反転されていく模様が，このグラフによってよく示されていることに気づくだろう．

いま
$$y = \sin x$$
のグラフを $x>0$ のところで考えよう．このグラフは，2π の周期で x が大きくなるとき，

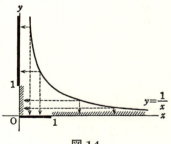

図 14

---

1) $(1,\infty) = \{x\mid x>1\}$ を表わす．∞ にこれ以上の意味はない．

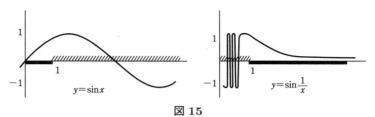

図 15

無限に波を打ち続けるグラフである．これに対し
$$y = \sin\frac{1}{x}$$
のグラフは，この波を，1 を中心にして開区間 (0, 1) の中へ反転して，私たちにその波打つ模様を見せていることになる．

$y = x^n$ と $y = \dfrac{1}{x^n}$ のグラフ

ここでも $x > 0$ のところで考える．上と同じように考えると，
$$y = x^n \quad \text{と} \quad y = \frac{1}{x^n} \quad (n = 1, 2, \ldots)$$
のグラフは，対応 $x \to \dfrac{1}{x}$ で移り合っている．したがって，x がどんどん大きくなるとき，x^n の大きくなる状況は，対応 $x \to \dfrac{1}{x}$ によって，x が 0 に近づくとき $\dfrac{1}{x^n}$ が大きくなる状況として凝縮して映し出されてくる．

逆に x がどんどん 0 に近づいていくとき，x^n の小さくなる状況は，x が大きくなるとき，$\dfrac{1}{x^n}$ が小さくなっていく状況として拡大して映し出されてくる (図 16)．

このように，x が大きくなるときの様子と，x が 0 に近づくときの様子が，対応 $x \to \dfrac{1}{x}$ で移り合っていることを知って，改めてグラフを見てみると，グラフは実に多くのことを物語っていることがわかる．

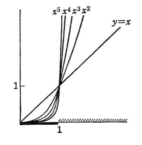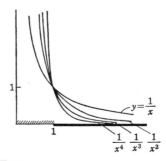

図 16

Tea Time

 加法と乗法の対応

講義の中で述べた加法と乗法の対応関係を，もう少し詳しく述べてみよう．いま，$\boldsymbol{R}$ から $\boldsymbol{R}$ の中への写像 φ で

$$\varphi(x+y) = \varphi(x)\varphi(y), \quad \varphi(0) \neq 0$$

をみたすものが与えられたとする．$\boldsymbol{R}$ の中の加法は，この φ によって移してみると乗法になっている．$\varphi(0) \neq 0$ という条件をおいたのは，もし $\varphi(0) = 0$ ならば，$\varphi(0) = \varphi(x-x) = \varphi(x)\varphi(-x)$ から，$\varphi(x) = 0$ か，$\varphi(-x) = 0$ となる．たとえば $\varphi(x) = 0$ とすると，$\varphi(-x) = \varphi(x - 2x) = \varphi(x)\varphi(-2x) = 0$ により，$\varphi(-x)$ もまた 0 となる．このようにして，$\varphi(0) = 0$ ならば，すべての x に対して $\varphi(x) = 0$ となり，これはつまらない場合となるからである．

そこで $\varphi(0) \neq 0$ と仮定する．$\varphi(0) = \varphi(0+0) = \varphi(0)^2$ から，$\varphi(0) = 1$ のことがわかる．また $\varphi(1) = a$ とおくと

$$a = \varphi\left(\frac{1}{2} + \frac{1}{2}\right) = \varphi\left(\frac{1}{2}\right)^2 > 0$$

より，$a > 0$ である．
$\varphi(2) = \varphi(1+1) = \varphi(1)^2 = a^2, \ldots, \varphi(n) = \varphi(\overbrace{1 + \cdots + 1}^{n}) = \varphi(1)^n = a^n, \ldots$
から，一般に

$$\varphi(n) = a^n, \quad \varphi(-n) = a^{-n}$$

が成り立つことがわかる ($1 = \varphi(n-n) = \varphi(n)\varphi(-n)$ に注意)．このことから

$$\varphi\bigg(\underbrace{\frac{n}{m} + \cdots + \frac{n}{m}}_{m}\bigg) = \varphi\left(m \cdot \frac{n}{m}\right) = \varphi(n) = a^n$$

となり，この左辺は $\varphi\left(\frac{n}{m}\right)^m$ に等しいから，結局

$$\varphi\left(\frac{n}{m}\right) = a^{\frac{n}{m}}$$

が得られた．

ここで，φ にさらに連続性 ($x_n \to x_0$ のとき $\varphi(x_n) \to \varphi(x_0)$) を仮定すると，これからすべての実数 x に対して

$$\varphi(x) = a^x$$

が成り立つことが結論される．$a \neq 1$ のとき，φ は 1 対 1 である．すなわち，加

法を乗法に移すような対応は，本質的には，指数関数で表わされる対応に限るのである．乗法を加法に移す対応は，この逆関数——対数関数——で与えられる．

質問 解析の教科書では，主に実数のもつ連続性だけを強調して述べているようですが，加法や乗法の演算も，このようにグラフの見方に関係していることは，はじめて聞きました．念のためお聞きしますが，実数の連続性以外に，実数の中にある基本的な性質とはどんなものでしょうか．

答 実数は四則演算ができるということが，代数的な立場ではまず基本的な性質である．実数の演算としては加法と乗法があり，その逆演算として，それぞれ減法と除法とがある．加法と乗法という2つの基本演算は，分配則

$$a(b+c) = ab + ac$$

によって結びつけられている．

そのほか，演算ではないが，実数には大小関係があって，どの2つの実数 a, b をとっても，$a < b$ か，$a = b$ か，$a > b$ のいずれか1つが成り立っている．この大小関係と四則演算とは無関係でなくて，よく知っているように

$$a < b \Longrightarrow a + c < b + c$$
$$c > 0,\ a < b \Longrightarrow ac < bc$$

などが成り立っている．

また任意に正数 ε と a が与えられたとき，(ε がどんなに小さくても) 適当に自然数 n をとると $a < n\varepsilon$ が成り立つ．これをアルキメデスの原則ということがある．

実数の連続性を述べるときには，実数の大小関係と加法的な性質が用いられていたことを注意しておこう．

第5講

関数の極限値

> ─ テーマ ─
> ◆ 関数の定義について
> ◆ 関数の極限値
> ◆ 近づくということの数学的表現：ε–δ 式記述
> ◆ ∞ の記号
> ◆ 左からの極限 $\lim\limits_{x \to a-0}$ ；右からの極限 $\lim\limits_{x \to a+0}$
> ◆ 無限小
> ◆ 高位の無限小
> ◆ $f_1(x), \ldots, f_n(x), \ldots \longrightarrow 0 \ (x \to 0)$ のとき，このどれよりも高位の無限小が存在する．

関数の定義について

関数 $y = f(x)$ とかくときの'関数'の定義を，ふつうのように'ある範囲の x に対して実数値 y を決める対応または規則'としてよいのだが，本当のことをいうと，対応または規則などという日常的な言葉が，どれほど厳密なことを意味しているのかと聞かれると，少し困るのである．解析入門の立場では，関数 $y = f(x)$ というときには，私たちの知っている多項式関数や，三角関数や指数関数などを指すか，あるいはこれらの関数を用いて式の形で明示されている関数を指していると考えている方が，誤解が少ないようである．もちろん，関数をグラフ表示で与えることもある．

私たちのこれからの話では，抽象的な定義で与えられたものより，具体的な表示で与えられた関数を主に取り扱う．

関数の極限値

さて，変数 x がある数 a にどんどん近づいていったとき，関数 $f(x)$ の値が，し

だいにある値 A に近づくという状況を考えてみよう．この状況を
$$x \longrightarrow a \quad \text{のとき} \quad f(x) \longrightarrow A$$
で表わす．

この表わし方で，わかったように思うのは，私たちの日常的な'近づく'という感じによっているからである．しかし'近づく'ということを，改めて数学的に厳密に定義しようとすると，これはなかなか難しいことなのである．上のように矢印 $\longrightarrow$ を使ってみても，これは交通標識のようなものだから，これだけで数学の話を進めていくわけにはいかないだろう．

たとえば，日常的な例では，時間が12時に近づくと，ジェット機は沖縄本島の上空に近づくという状況が考えやすいかもしれない．時間を変数 x にとり，出発地点成田からジェット機の航続距離を時間の関数として $f(x)$ (km) と表わし，成田から沖縄本島までの距離を A (km) とすると，このことは
$$x \longrightarrow 12 \quad \text{のとき} \quad f(x) \longrightarrow A$$
とかけるだろう．

数学の話をするときには，x が12時の前だけではなくて，12時を過ぎた場合でも，x が12時に近ければ，$f(x)$ は A の近くにあるという状況を表わしたいときが多い．そのため

$|x - 12|$ がどんどん小さくなると，$|f(x) - A|$ もどんどん小さくなっていく

という状況を考えたい．

この'どんどん小さくなるとき'という不確定の動きを示す表現は，次のように捉えてみたらどうだろうか．沖縄那覇空港の航空管制官が，レーダー画面でジェット機の機影を見ているさまを想像しよう．沖縄本島を中心にしたどんな小さい空域——ε エリア——をレーダー画面上に設定しておいても，時間 x が12時に十分近くなると，すなわち正数 δ を十分小さくとって $|x - 12| < \delta$ となると，ジェット機の機影は，この ε エリアに発見することができるようになる．正数 ε をどんなに小さくとっても，δ さえ十分小さくとれば(時間が12時に十分近くなれば！)いつでもこの状況がおきるだろう．

すなわち，どんな正数 ε をとっても，ある正数 δ を適当にとれば
$$|x - 12| < \delta \quad \text{ならば} \quad |f(x) - A| < \varepsilon$$

となる.

私たちは，このことが，'近づく' ということを表わしていると考える. そこで一般的に次の定義をおく.

> どんな正数 ε をとっても，ある正数 δ で
> $$0 < |x - a| < \delta \Longrightarrow |f(x) - A| < \varepsilon$$
> を成り立たせるものが存在するとき
> $$\lim_{x \to a} f(x) = A$$
> と表わす．そして x が a に近づくときの $f(x)$ の極限値は A であるという．

ここで $0 < |x - a| < \delta$ として，左側に $0 < |x - a|$ をおいたのは，x が a の値をとらないで，a に近づくということを意味している.

この ε-δ 式の定義はあとで戻ることがあるが，さしあたりは

$$x \longrightarrow a \quad \text{のとき} \quad f(x) \longrightarrow A$$

ということが，数学的に定式化できるということを覚えているだけでよいだろう.

∞ の記号

数直線上を動く点 x が，原点からどこまでも遠ざかっていく状況を

$$x \longrightarrow \infty$$

と表わす.

特に x が，正の方向へ (数直線上の右の方へ) 動きながら原点から遠ざかるとき

$$x \longrightarrow +\infty$$

負の方向へ動きながら原点から遠ざかるとき

$$x \longrightarrow -\infty$$

と表わす.

このような表わし方は，非常に一般的に用いられる．たとえば

$$\lim_{x \to \frac{\pi}{2}} \tan x = \infty$$

とかいてあるときには, x が $\frac{\pi}{2}$ に近づくとき, $\tan x$ の値が, (y 軸上を) 原点からどこまでも遠ざかることを意味している.

左からの極限, 右からの極限

x が $\frac{\pi}{2}$ の左から $\frac{\pi}{2}$ に近づくときには, $\tan x \to +\infty$ となる. この状況をはっきりさせたいときは

$$\lim_{x \to \frac{\pi}{2}-0} \tan x = +\infty$$

とかき, x が $\frac{\pi}{2}$ の左から近づいたときの $\tan x$ の極限値は $+\infty$ である, などといういい方をする (ここで, 極限値が $+\infty$ というのは, 実は言葉の誤用であって, $+\infty$ という値があるわけではない).

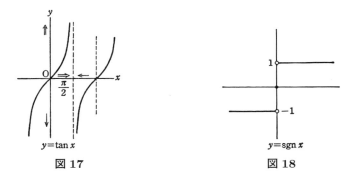

図 17　　　　　　　　図 18

同様に x が右から $\frac{\pi}{2}$ に近づくとき, $\tan x \to -\infty$ となる状況を

$$\lim_{x \to \frac{\pi}{2}+0} \tan x = -\infty$$

と表わす. lim の記号の下の $\frac{\pi}{2}-0$, $\frac{\pi}{2}+0$ は, x が $\frac{\pi}{2}$ の左から, および右から近づくニュアンスを巧みに表わしたものである. この記号は lim に関係したときしか使わない ($\frac{\pi}{2}-0 = \frac{\pi}{2}$ ではないかなどといえば, この記号の使い方の面白みはなくなってしまう).

たとえば

38　第5講　関数の極限値

$$\operatorname{sgn} x = \begin{cases} 1, & x > 0 \\ 0, & x = 0 \\ -1, & x < 0 \end{cases}$$

という関数に対しては

$$\lim_{x \to 0-0} \operatorname{sgn} x = -1, \quad \lim_{x \to 0+0} \operatorname{sgn} x = 1$$

である.

無 限 小

　$x \to a$ のとき，いくつかの関数 $f(x), g(x), \ldots$ がすべて 0 に近づくとき，0 に近づくスピードの相互関係を調べてみたい．簡単のため，$a = 0$ としよう．

　さて，$x \to 0$ のとき，関数列

$$x, x^2, x^3, \ldots, x^n, \ldots \tag{1}$$

は，n が大きくなるにつれて，0 へ近づく速さがしだいに速くなる．

　たとえば $x = 0.01$ のとき，x, x^2, x^3, x^4 の値はそれぞれ 0.01, 0.0001, 0.000001, 0.00000001 である．小さくなっていく桁が，格段に違う！

　$x = 0.000001$ になったときには，この違いはもっと激しくなる．x と x^4 を比較してこの程度なのだから，x^{100000} の 0 へ近づく速さなど x に比べて比較にならないほどの速さである．

　関数列 (1) の，それぞれのグラフをかくと，n が大きくなるにつれ，グラフはどんどん下へ匍うようになってくる．たとえば $y = x^n$ のグラフは，$y = x$, $y = x^2$, $\ldots$, $y = x^{n-1}$ のグラフの下をかいくぐるように進み，x 軸の上にほとんど重なるようになりながら 0 へ近づいていく．図 16 (第 4 講) で，この感じは少しわかるだろう．

　このより一層速く 0 に近づいていく状態を，数学では $x \to 0$ のとき，x^2 は x より高位の無限小であり，x^3 は x^2, x より高位の無限小であり，$\cdots$ というようないい方をする．

　一般的な定義は，次のように述べられる.

【定義】　$x \to 0$ のとき，$f(x) \to 0$, $g(x) \to 0$ とする.

$$\lim_{x \to 0} \frac{f(x)}{g(x)} = 0 \tag{2}$$

のとき，$f(x)$ は，$g(x)$ より高位の無限小であるという．

(2) は，分母に比べて分子がはるかに速く 0 に近づいていく状況を示している．この定義に従えば，関数列 (1) は，右へ進むほど高位の無限小となっている．実際，$n < m$ のとき

$$\lim_{x \to 0} \frac{x^m}{x^n} = \lim_{x \to 0} x^{m-n} = 0$$

$x \to 0$ のとき，$f(x)$ が $g(x)$ より高位の無限小であることを

$$f(x) = o(g(x))$$

と表わし，これをランダウの記号という (ランダウはドイツの数学者の名前である)．

果てしない無限小

誰でも考えてみたくなることは，$x \to 0$ のとき，系列 (1) のどの関数よりももっと速く 0 に近づく関数があるだろうかということである．もしこのような関数があるとすると，$x \to 0$ のとき，この関数が 0 に近づく速さは，私たちの想像を絶するものがあるといってよいだろう．

この存在は，もっと一般的な次の命題が成り立つことによって保証される．

> $f_1(x), f_2(x), \ldots, f_n(x), \ldots$ は，$x \neq 0$ で 0 とならない関数の系列とし，$x \to 0$ のとき $f_n(x) \to 0$ $(n = 1, 2, \ldots)$ とする．このとき，すべての $f_n(x)$ より高位の無限小となる関数 $h(x)$ が存在する：
> $$h(x) = o(f_n(x)), \quad x \to 0 \quad (n = 1, 2, \ldots)$$

【証明の概略】 $f_1(x), \ldots, f_n(x), \ldots$ の代りに，$|f_1(x)|, \ldots, |f_n(x)|, \ldots$ を考えてよいから，$f_n(x) > 0$ $(x \neq 0)$ としてよい．また証明の便宜上，x が右から 0 へ近づくときだけを考察することにする．

証明の方針が多少見やすくなるという理由のために，対応 $x \to \frac{1}{x}$ によって，$x \to 0$ の代りに，$x \to +\infty$ のときの様子におきかえることにする．すなわち次のことを示そう．

> $g_1(x), g_2(x), \ldots, g_n(x), \ldots$ は正の関数からなる系列であって，$x \to +\infty$ のとき，$g_n(x) \to 0$ $(n=1,2,\ldots)$ となるものとする．このときある正の関数 $\tilde{h}(x)$ で
> $$(*) \quad \lim_{x \to +\infty} \frac{\tilde{h}(x)}{g_n(x)} = 0 \quad (n=1,2,\ldots)$$
> となるものが存在する．

$G_n(x) = \mathrm{Min}\,(g_1(x), g_2(x), \ldots, g_n(x))$ とおくと，
$$G_1(x) \geqq G_2(x) \geqq \cdots \geqq G_n(x) \geqq \cdots$$
で，$\lim_{x \to +\infty} G_n(x) = 0\ (n=1,2,\ldots)$ である．いま $\tilde{h}(x)$ としては，次の条件をみたす関数をとる．

　'$n \leqq x \leqq n+1$ で $\tilde{h}(x)$ のグラフは $\dfrac{1}{n} G_n(x)$ のグラフより下にある'

このような $\tilde{h}(x)$ が存在することは，図19から明らかであろう．$\tilde{h}(x)$ は求める関数となっている．実際，$x \to +\infty$ のときの $\tilde{h}(x) \to 0$ と $g_n(x) \to 0$ の速さを比べるために，m を n より大きくとって，$m \leqq x \leqq m+1$ とすると

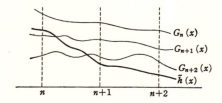

$\tilde{h}(x)$ のグラフは多少パターン化してかいてある

図 19

$$\tilde{h}(x) \leqq \frac{1}{m} G_m(x) \leqq \frac{1}{m} G_n(x) \leqq \frac{1}{m} g_n(x)$$

したがって
$$\frac{\tilde{h}(x)}{g_n(x)} \leqq \frac{1}{m} \quad (m \leqq x \leqq m+1)$$

このことから，$x \to +\infty$ のとき $(*)$ が成り立つことがわかる．

Tea Time

質問 無限小の系列の先に,まだもっと小さい無限小があるということに驚きました.しかしこの説明を $x \to +\infty$ の方でしていただいたので,各区間で,少しずつ小さくなるものをつなぎ合わせて,より小さい無限小をつくっていくという証明の方針はよくわかりました.しかしこの証明を見ると,無限のトリックだという感じもしますが,これはどのように考えたらよいのでしょう.

答 証明だけを見れば,無限のトリックという感じがするかもしれないが,むしろ,実数とはこのような'無限'を内蔵した対象であるとはっきり認識した方がよい.実数上の関数というものを取り扱う限り,$x \to 0$ のとき 0 に走っていく関数列 $f_1(x), \ldots, f_n(x), \ldots$ よりも,もっと速く 0 に走っていく関数が現実に存在しているということが重要である.原点 O に立ってみると,0 に近づく正の関数のグラフの下を,さらに低く這うようにして,無限に多くの関数が 0 に近づいていく.このグラフは,0 のまわりの深さを測って,より深く,より深くと入っていくようである.この深さには果てしがない.この深さの感覚は,極限概念から生じている.解析学は,実数の各点のもつ,この深さとでもいうべきものの上に立って成り立っているといってもよいだろう.

第 6 講

連 続 関 数

> ─ テーマ ─
> ◆ 関数と定義域
> ◆ 1 点における関数の連続性
> ◆ 四則演算の連続性
> ◆ 関数演算と連続性
> ◆ 連続関数
> ◆ 閉区間 $[a,b]$ 上で定義された連続関数は有界であって，最大値，最小値をとる．
> ◆ 一般の区間で定義された連続関数

関数と定義域

これから関数というときには，数直線 $\boldsymbol{R}$ 上で定義されている関数か，または開区間 (α, β)，閉区間 $[\alpha, \beta]$ などで定義されている関数を考える．もちろん，それ以外の場合も考えることがある．たとえば $y = \log x$ は，半直線 $(0, \infty)$ 上で定義されているし，また $y = \tan x$ は $\left(n\pi - \dfrac{\pi}{2},\ n\pi + \dfrac{\pi}{2}\right) (n = 1, 2, \ldots)$ 上でだけ定義されている．しかしいずれにせよ，関数が定義されている場所──定義域──は，特に断らない限り，このような区間（$\boldsymbol{R}$ も含めて）とする．

連 続 関 数

関数 $y = f(x)$ が，
$$x \longrightarrow a \Longrightarrow f(x) \longrightarrow f(a)$$
という性質をみたすとき，$x = a$ で連続であるという：
$$\lim_{x \to a} f(x) = f(a)$$
すなわち，x が a に近づくとき，f によって対応する値 $f(x)$ もまた $f(a)$ に近づく

とき，f は $x = a$ で連続であるというのである．この意味で，a における連続性とは，f が a において'近づく'という性質を保存することであるといってもよい．

第5講の関数の極限値のところを見ると，

> $f(x)$ が a で連続
> $\iff$ どんな正数 ε をとっても，ある正数 δ で
> $$|x - a| < \delta \implies |f(x) - f(a)| < \varepsilon$$
> を成り立たせるものが存在する．

といってもよいことになる．第5講と注意深く見比べた人は，第5講の極限値の定義では，$0 < |x - a| < \delta$ となっていたのに，ここでは $|x - a| < \delta$ としかかいてないことに目がとまったかもしれない．しかし $x = a$ のときには，$f(x) = f(a)$ となって右辺は必ず成り立っているのだから，いまの場合，a を除外して第5講のように $0 < |x - a| < \delta$ とかいても，a を加えて上のように $|x - a| < \delta$ とかいても，結局は同じことを述べていることになる．

関数の演算

実数は四則演算——加えたり，引いたり，かけたり，割ったりすること——が可能である．したがってまた，同じところで定義されている2つの関数 $y = f(x)$，$y = g(x)$ が与えられたとき，各点 x でとる値に，四則演算をほどこすことによって，新しい関数

和：$f + g$ $(f + g)(x) = f(x) + g(x)$
差：$f - g$ $(f - g)(x) = f(x) - g(x)$
積：fg $(fg)(x) = f(x)g(x)$
商：$\dfrac{f}{g}$ $\left(\dfrac{f}{g}\right)(x) = \dfrac{f(x)}{g(x)}$， ただし $g(x) \neq 0$

が得られる．この右辺にかいてある式の意味は，たとえば $(f+g)(x) = f(x)+g(x)$ は，$f + g$ という関数の点 x でとる値は，実数 $f(x)$ と $g(x)$ を加えたものとして定義しているということである．

割り算だけは，$g(x) \neq 0$ となる x だけで定義される．だが，そのことを認めた上で，簡単にいえば，上のことは関数の中でも四則演算は可能であるということである．この関数の演算は，いま見たように実数の四則演算から引きつがれたものである．だが，数の演算は，もともと近づくという性質と無関係に定義されていた．

したがって，f と g が点 a で連続のとき，$f+g$ や，fg がまた点 a で連続となるかということは，この段階では，まだあまり当り前のこととはいえないのである．

四則演算の連続性

しかし，実際は基礎となる四則演算は，次の意味で，近づくという観点から見ても，ごく自然に振舞っている：

$X \to A, Y \to B$ とする．このとき

和：$X + Y \longrightarrow A + B$

差：$X - Y \longrightarrow A - B$

積：$XY \longrightarrow AB$

商：$\dfrac{X}{Y} \longrightarrow \dfrac{A}{B}$ （ただし $B \neq 0$）

この最後では，$B \neq 0$ と仮定しておくと，B に近づく Y も，B に十分近くなると $Y \neq 0$ となる．そこで $\dfrac{X}{Y}$ を考えるということである．

これらを，<u>四則演算の連続性</u>という．

この当り前そうなことを，改めて厳密に証明せよといわれると，何を手がかりとして示してよいのか戸惑ってしまうのである．実はこの手がかりとして，ε–δ 論法がある．たとえば，和の連続性は次のようにして示すことができる．

まず絶対値に関するよく知られた不等式 $|a+b| \leqq |a|+|b|$ から

$$|(X+Y) - (A+B)| \leqq |X-A| + |Y-B|$$

が成り立つことを注意しよう．したがって

$$|X-A| < \frac{\varepsilon}{2}, \quad |Y-B| < \frac{\varepsilon}{2} \Longrightarrow |(X+Y)-(A+B)| < \varepsilon$$

このことは，X が A にどんどん近づき ($\frac{\varepsilon}{2}$ 範囲に入り)，Y が B にどんどん近づく ($\frac{\varepsilon}{2}$ 範囲に入る) ならば，$X+Y$ も，$A+B$ にどんどん近づく (ε 範囲に入る) ということを示している．これは和の連続性を示している．

差の連続性は同様に示される．

積の連続性は，和と積に関する分配則を用いて，次のように示される．
$$|XY - AB| = |(X-A)Y + A(Y-B)|$$
$$\leqq |X-A||Y| + |A||Y-B|$$
ところが，$Y \to B$ だから，ここで $|Y| \leqq |B| + 1$ と仮定してよい．したがって
$$|XY - AB| \leqq |X-A|(|B|+1) + |A||Y-B|$$
となる．この右辺は $X \to A$, $Y \to B$ のとき 0 に近づく．したがって $XY \to AB$ が示された (厳密には ε–δ 論法を用いる)．

商の連続性も同様にして示されるが，ここでは省略しよう．

関数の演算と連続性

> 関数 $f(x), g(x)$ は $x=a$ で連続とする．このとき関数
> $$f+g,\ f-g,\ fg,\ \frac{f}{g} \quad (g(a) \neq 0)$$
> も，$x=a$ で連続である．

【証明】 $x \to a$ のとき，$f(x) \to f(a)$, $g(x) \to g(a)$ である．$X = f(x)$, $Y = g(x)$, $A = f(a)$, $B = g(a)$ とおく．$x \to a$ のとき，$X \to A$, $Y \to B$ であり，証明すべきことはこれから $X+Y \to A+B$, $X-Y \to A-B$, $XY \to AB$, $\frac{X}{Y} \to \frac{A}{B}$ が成り立つことを示すことにある．しかし，これは上に述べた四則演算の連続性にほかならない． ∎

(fg が $x=a$ で連続のことを ε–δ 論法を用いて示すいい表わし方については問 1 参照)

連続関数

【定義】 関数 $f(x)$ が，考えている範囲のすべての点で連続のとき，f は連続であ

る，または連続関数であるという．

関数が連続であるとは，1点1点で連続であるという状況が，至るところで成り立っていることである．直観的には $y = f(x)$ のグラフがつながっているということである．実際，図20のように，グラフが切れていれば，この切れ目の点 $x = a, b, c$ で f は連続とはなりえない．

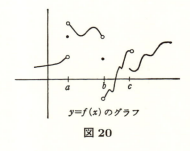

図 20

'直観的には' とかいたことに多少のコメントはいるかもしれない．関数 $y = f(x)$ のグラフは一般に明示できるとも限らないし，またどれだけ正確に画かれているかもよくわからない．グラフは，関数 $y = f(x)$ の対応の模様と，またさらに対応のつながり具合の大体の様子までも，視覚を通してはっきりと見せてくれるが，それ以上のことをグラフにあまり期待しすぎることは，正確な推論を妨げるおそれもある．たとえば，ふつうのグラフの用紙に，$y = \sin x$ のグラフを画くことは問題ない．しかし，同じグラフ用紙に，$\sin x$ の周期 2π を1ミクロンの長さにまで縮めた関数のグラフを画こうと思っても画けるはずがない．そのグラフに近いものを画こうとしても，1 と -1 の間を上下する細かい線分をかいて，グラフ用紙を黒く塗りつぶすだけだろう．このグラフがつながっているのかどうかと聞かれても，グラフを見る限りでは答えるすべはないのである．

なお，すぐ前に述べた結果は，f と g が連続関数ならば，$f + g$, $f - g$, fg も連続関数であることを保証している．また考えている範囲で $g(x) \neq 0$ ならば，$\dfrac{f}{g}$ も連続関数である．

閉区間 $[a, b]$ 上で定義された連続関数

定義をもう一度繰り返してみると，閉区間 $[a, b]$ 上の連続関数 $f(x)$ とは，$[a, b]$ に属する<u>任意の点 x_0</u> に対して

$$x \longrightarrow x_0 \implies f(x) \longrightarrow f(x_0)$$

が成り立つものである．あるいは，どんな正数 ε をとっても，ある正数 δ で

$$|x - x_0| < \delta \implies |f(x) - f(x_0)| < \varepsilon$$

をみたすものが存在する，といっても同じことである．

【定理】 閉区間 $[a,b]$ 上で定義された連続関数 $f(x)$ は有界であって，最大値 μ と，最小値 ν をとる．

ここで有界とは，$f(x)$ が $x \in [a,b]$ でとる値の範囲が，ある有界な範囲にあるということであり，最大値，最小値をとるということは，$[a,b]$ の中に，ある点 x_1 と x_2 が存在して
$$f(x_1) = \mu, \quad f(x_2) = \nu, \quad \nu \leqq f(x) \leqq \mu$$
が成り立つということである (図 21)．

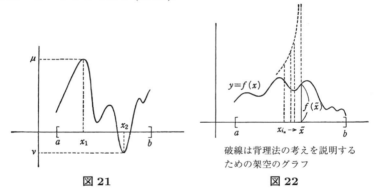

破線は背理法の考えを説明するための架空のグラフ

図 21　　　　図 22

【証明】 $f(x)$ が有界なこと：$f(x)$ が有界でないと仮定して矛盾を導こう．その仮定から $n = 1, 2, \ldots$ に対して
$$|f(x_n)| > n \tag{1}$$
となる点 x_n が $[a,b]$ の中に存在することになる．点列 $\{x_1, x_2, \ldots\}$ の集合を S とし
$$\tilde{x} = \overline{\lim} S$$
とおく (図 22 参照)．第 3 講で述べた上極限の性質を見るとわかるように，$\tilde{x}$ の左側から，$\tilde{x}$ にいくらでも近づく点列が存在する：
$$x_{i_1}, x_{i_2}, \ldots, x_{i_n}, \ldots \longrightarrow \tilde{x}$$
各 x_{i_n} は $x_{i_n} \leqq b$ となっているから，極限 $\tilde{x}$ もまた $\tilde{x} \leqq b$ をみたしていなくては

ならない ($\tilde{x}$ は b の ‘壁’ の外には出られない！). このことから, $\tilde{x} \in [a, b]$ のことがわかる. したがって f の連続性から
$$f(x_{i_n}) \longrightarrow f(\tilde{x})$$
である. しかし (1) から, $f(x_{i_n})$ は決まった値に収束することはできない. これは矛盾である. したがって背理法により, $f(x)$ は $[a, b]$ で有界なことが証明された.

$f(x)$ が, 最大値 μ, 最小値 ν をとること：$f(x)$ が区間 $[a, b]$ でとる値の集合を W とする：
$$W = \{f(x) \mid x \in [a, b]\}$$
いま示したことから W は有界な集合である. したがって
$$\mu = \sup W, \quad \nu = \inf W$$
を考えることができる. もし, $f(x_1) = \mu$ となる $x_1 \in [a, b]$ が存在すれば, μ は f の最大値となり, その最大値をとる点が, ちょうど $x = x_1$ ということになる.

したがって, このような x_1 が存在しないとして矛盾が導かれれば, 結局, 最大値の存在がいえたことになる. $f(x_1) = \mu$ となる x_1 がなかったならば, sup の定義から,
$$\mu - \frac{1}{n} < f(z_n) \quad (n = 1, 2, \ldots)$$
となる z_n ($n=1, 2, \ldots$) が $[a, b]$ の中に存在することになる. $\mu - f(x) \neq 0$ だから
$$F(x) = \frac{1}{\mu - f(x)}$$
は, $[a, b]$ で連続な関数である. しかし
$$F(z_n) = \frac{1}{\mu - f(z_n)} > n \quad (n = 1, 2, \ldots)$$
となり, F は $[a, b]$ で有界でない. これは前頁で証明したことに矛盾する.

最小値 ν が存在することも同様にして示すことができる. ∎

一般の区間での連続関数

47 頁に述べた定理で, 閉区間 $[a, b]$ の仮定は, 本質的である. たとえば, 開区間 $(0, 1)$ で考えると, 関数

$$y = x^2$$

は $0 < x^2 < 1$ をみたし，0 にも，1 にもいくらでも近い値をとることができるが，(最小値となるはずの) 0 に達することもできないし，(最大値となるはずの) 1 に達することもできない．すなわち，$y = x^2$ は開区間 $(0,1)$ で有界であるが，最大値も最小値もとらない．

また，$(0,1)$ 上の連続関数

$$y = \tan \frac{\pi}{2} x$$

は，有界ではない：$x \to 1$ のとき，$y \to +\infty$ となる．

問 1 $f(x)$, $g(x)$ が $x = a$ で連続ならば，$f(x)g(x)$ も $x = a$ で連続となることを，次の手順で示せ．

正数 ε が与えられたとする．

 i) $\delta_1 > 0$ を十分小さくとると，$|x - a| < \delta_1$ で
$$|f(x)| \leqq |f(a)| + 1, \quad |g(x)| \leqq |g(a)| + 1$$
 ii) $\delta_2 > 0$ を十分小さくとると，$|x - a| < \delta_2$ で
$$|f(x) - f(a)| < \frac{\varepsilon}{2} \frac{1}{|g(a)| + 1}$$
$$|g(x) - g(a)| < \frac{\varepsilon}{2} \frac{1}{|f(a)| + 1}$$
 iii) $|f(x)g(x) - f(a)g(a)| \leqq |g(x)||f(x) - f(a)| + |f(a)||g(x) - g(a)|$
 iv) $|x - a| < \mathrm{Min}\,(\delta_1, \delta_2)$ のとき
$$|f(x)g(x) - f(a)g(a)| < \varepsilon$$

Tea Time

最大値，最小値の存在保証

講義の中で述べた定理は，閉区間 $[a, b]$ 上で定義された連続関数 $f(x)$ は，どこで最大値 μ，最小値 ν をとるかまでは確定できないとしても，どこかに必ず x_1, x_2 という点があって $f(x_1) = \mu$, $f(x_2) = \nu$ となるということを保証するものである．たとえていえば，もみがらのいっぱい詰まった箱の中に，どこにあるかは

わからないが，その中に必ず1つリンゴが入っているということを保証するような定理である．

このような定理が，数学にとってどうしてそんなに大切な定理なのか，と疑問に思われる読者も多いかもしれない．上の定理を直接適用できる場合ではないが，最大値は必ず存在するという保証は，たとえば，次のような結果を示すのにも役立つのである．

'定円に内接する五角形のうちで，面積が最大となるものは，正五角形であることを示せ'

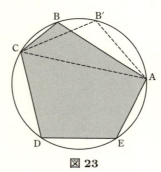

図 23

これを次のように証明しようとする．いま図23のように，定円に内接する任意の五角形 ABCDE をとる．弦 AC の中点 B′ をとって，△ABC と △AB′C の面積を比較すると，明らかに △AB′C の面積の方が △ABC の面積より大きい（底辺 AC 上の高さを比べよ）．したがって，五角形 ABCDE の面積より，五角形 AB′CDE の面積の方が大きい．しかしこのようにして，面積が大きくなる五角形におきかえていく操作は，(実際試みてみるとわかるように) きりがなくて，正五角形へと達しないのである．

しかし，もし面積が最大となる五角形 Ω が存在することが保証されていたとしよう．そうすると，上の推論から，Ω は必然的に正五角形でなければならないということが結論されてしまう．なぜなら，面積最大となる Ω が正五角形でなかったら，隣り合っている2辺の長さが異なるところで，上の操作を行って，Ω をもっと面積の大きい五角形におきかえることができてしまうからである．

すなわち，最大値の存在があらかじめ保証されているならば，上の問題は，このような簡単な推論から導くことができるのである．

第7講

微分と導関数

テーマ
- ◆ 微分の定義，1点 a における微分可能性，微係数 $f'(a)$
- ◆ 右微係数，左微係数
- ◆ 接線，接線の式
- ◆ 微分可能性と無限小
- ◆ 微分可能な関数，導関数 $f'(x)$
- ◆ 微分可能な関数は連続である．
- ◆ 問題：$f'(x) = 0$ がつねに成り立つならば $f(x)$ は定数か？

微分の定義

前講で述べたように，考える関数 $f(x)$ は，ある区間の上で定義されているものとする．

【定義】 定義域の1点 a において，極限値
$$\lim_{h \to 0} \frac{f(a+h) - f(a)}{h}$$
が存在するとき，$f(x)$ は，点 a において<u>微分可能</u>であるという．この極限値を $f'(a)$ とかき，f の a における<u>微係数</u>という．

すなわち

$$f'(a) = \lim_{h \to 0} \frac{f(a+h) - f(a)}{h}$$

である．次頁の図 24 で示したような，$y = f(x)$ のグラフでは
$$\frac{f(a+h) - f(a)}{h} \tag{1}$$
は，割線 PQ の傾きを示している．図 24 の (I) は $h > 0$ のときであり，(II) は $h < 0$ のときである．

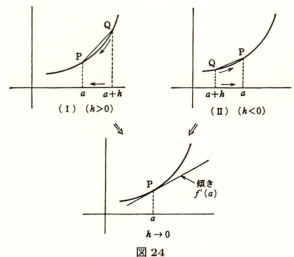

図 24

h が右から 0 に近づいても，左から 0 に近づいても，この割線の傾きが一定の値に近づくとき，f は a で微分可能というのである．したがって図 25 のグラフで示されているようなときには，h が右から近づいたときの (1) の極限値と，h が左から近づいたときの (1) の極限値とは一致しないから，f は a で微分可能ではない．

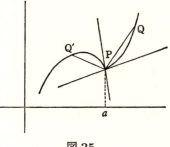

図 25

図 25 のように，(1) の極限値が，$h>0$ と $h<0$ から近づいたときとで異なる場合，この右と左からの極限値を明示しておきたい．その目的のためには

$$f'_{+}(a) = \lim_{h \to 0+0} \frac{f(a+h)-f(a)}{h}$$
$$f'_{-}(a) = \lim_{h \to 0-0} \frac{f(a+h)-f(a)}{h}$$

という記号を用い，それぞれ $x=a$ における f の<u>右微係数</u>，<u>左微係数</u>という．$f'_{+}(a) = f'_{-}(a)$ のとき，f は a で微分可能である．

接　　線

$f(x)$ が $x=a$ で微分可能のとき，$y=f(x)$ のグラフ上の点 $\mathrm{P}(a, f(a))$ を通っ

て，傾きが $f'(a)$ の直線を，P を通るこのグラフの接線という．図 24 の下の図は，点 P を通る接線を表わしている．

一般に座標平面上の (y 軸と異なる) 直線は x の 1 次関数で表わすことができる．特に，点 P$(a, f(a))$ を通って傾きが $f'(a)$ である直線の式は，(公式を用いて) すぐにかくことができる．それによれば

> 点 P$(a, f(a))$ を通る接線の式：
> $$y = f'(a)(x - a) + f(a)$$

である．これを $x = a$ における $f(x)$ の接線の式ともいう．

微分可能性と無限小

$f(x)$ が $x = a$ で微分可能のことを，もう少し別の観点から見てみよう．

$f(a+h)$ と $f(a)$ との差 $f(a+h) - f(a)$ を考える．$h \to 0$ のとき，h より高位の無限小を無視すれば，この差が h に比例するような状況を考えてみよう．式でかけば，ある '比例定数' A が存在して

$$f(a+h) - f(a) = Ah + o(h) \qquad (2)$$

と表わせることである．ここで $o(h)$ は，第 5 講で導入した記号であって，$h \to 0$ のとき $o(h)$ は h より高位の無限小であることを意味している．

(2) が成り立てば，
$$\frac{f(a+h) - f(a)}{h} \longrightarrow A \quad (h \to 0)$$
となることがわかる．すなわち $f(x)$ は a で微分可能であって，'比例定数' A は，ちょうど $f'(a)$ となる．逆に $f(x)$ が a で微分可能ならば，いまの議論を逆にたどることにより，(2) が成り立つことがわかる．すなわち

> $f(x)$ が a で微分可能であるための必要かつ十分な条件は，適当な定数 A が存在して
> $$f(a+h) - f(a) = Ah + o(h) \quad (h \to 0)$$
> と表わされることである．

したがって, $f(x)$ が a で微分可能ならば, $h \to 0$ のとき $f(a+h) - f(a)$ は, Ah と大体同じ速さで 0 に近づいていく. $A\ (= f'(a))$ が 0 でなければ, h と比較できるくらいの速さで 0 に近づいていくし, また $A = 0$ ならば, h より高位の無限小で 0 に近づいていく.

逆に, $f(x)$ が a で微分可能で, $f(a+h) - f(a)$ が, $h \to 0$ のとき, h より高位の無限小で 0 に近づくならば, $f'(a) = 0$ である. たとえば $x^2, x^3, \ldots$ は, この事情によって, 原点で微係数が 0 となっている.

いずれにしても, f が a で微分可能ならば, $f(a+h) - f(a)$ は, $h \to 0$ のとき, h と同程度の無限小か, または h より高位の無限小となって 0 に近づいていく.

対偶をとれば, もし $f(a+h) - f(a)$ が, $h \to 0$ のとき, h よりずっとおそく 0 に近づくならば (すなわち低位の無限小として 0 に近づくならば), $f(x)$ は a で微分可能とはならないことがわかる.

このような例として
$$f(x) = \sqrt{|x|}$$
がある. x が 0 に近づくとき, $\sqrt{|x|} = f(x) - f(0)$ は,
$$\frac{x}{\sqrt{|x|}} = \pm\sqrt{|x|} \longrightarrow 0 \quad (x \to 0)$$
によって, x よりずっとおそく 0 に近づくことがわかる. したがって, $f(x) = \sqrt{|x|}$ は原点で微分不可能である. このグラフは図 26 で与えてある.

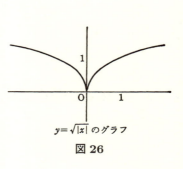

$y = \sqrt{|x|}$ のグラフ

図 26

微分可能な関数, 導関数

関数 $f(x)$ が, 定義域の各点 x で微分可能なとき, $f(x)$ は微分可能な関数, または可微分関数であるという. ただし $f(x)$ の定義域が閉区間 $[a, b]$ のときには, 端点 a, b での微分可能性とは, $f'_+(a)$, $f'_-(b)$ が存在することである.

$f(x)$ が微分可能なときには, 各点 x で f の微係数 $f'(x)$ を考えることができる. 対応

$$x \longrightarrow f'(x)$$

を1つの関数と見なして，これを f の導関数といい，f' によって表わす．導関数は，各点 x に対して，$y = f(x)$ のグラフの x における接線の傾きを対応させる関数である．

微分可能性と連続性

> $f(x)$ が微分可能ならば連続関数である．

【証明】 定義域に属する任意の1点 a をとる．f は a で微分可能だから
$$f(a+h) - f(a) = f'(a)h + o(h)$$
したがって，$h \to 0$ のとき $f(a+h) - f(a) \to 0$ となり，f は a で連続なことがわかる．a は任意の点でよかったから，f は連続関数である． ∎

しかし，f が連続であっても微分可能であるとは限らない．そのような関数の例は図25と図26で，グラフで示してある．

1つの問題設定

$f(x)$ は微分可能な関数とする．次のような問題を考えよう．

問 $f'(x)$ がつねに 0 ならば，$f(x) = C$ (定数) といえるか？

ここで $f(x)$ は区間 $[a, b]$ で定義されているものとする．この問題は，一見したところ，やさしそうにみえる．なぜかというと，$f'(x) = 0$ は，各点で接線の傾きが 0 ということであり，したがって，$f(x)$ のグラフにはどこにも上り坂となる場所も下り坂となる場所もおきそうにない．したがって $f(x)$ のグラフは x 軸に平行となり，$f(x) = C$ が結論できそうだからである．ところがこの確からしそうな感じを，厳密に証明してみようとすると，なかなかうまく成功しないのである．背理法を使おうと思っても，$f(x) \neq$ 定数という仮定からは，'ある x, x' が存在して $f(x) \neq f(x')$' ということが導かれるだけであって，ここから $f'(x) = 0$ に矛盾した結果を引き出すのは，至難のことのように見える．

少し見方を変えてみると，$f'(x) = 0$ が恒等的に成り立つということは，各点 x で，$f(x+h) - f(x) \to 0$ $(h \to 0)$ が，h より高位の無限小になっているということを意味しているにすぎない．今度は，このようなことから果して $f(x) = $ 定数が導かれるかということは疑わしい気分にもなってくる．

問題の難しさは次の点にある．各点 x で与えられている条件は

$$\lim_{h \to 0} \frac{f(x+h) - f(x)}{h} = 0$$

であって，極限の状況を指定しているにすぎない．一方，結論の方は，$[a,b]$ のすべての点で $f(x) = C$ となるということである．各点 x における極限の状況から，$[a,b]$ 全体にわたる関数の挙動を推理して，結論を導かなければならない．推理といっても，もちろん論理的な演繹が必要である．これを可能にするものは，ロルの定理である．次講はこの定理から始めることにしよう．ここでは，まだ上の問題は未解決である．

Tea Time

$$y = x^n \sin \frac{1}{x} \quad (n = 1, 2, \ldots)$$

$y = \sin \frac{1}{x}$ のグラフは第 4 講の図 15 で与えてある．このグラフの山の頂きは高さ 1 であり，谷底の深さは -1 である．$\sin \frac{1}{x}$ は，この 1 と -1 の間を限りなく上下しながら，y 軸へ接近していく．このグラフに x^n のグラフをかけたものが，$y = x^n \sin \frac{1}{x}$ のグラフとなる．もちろん，グラフをかけるなどということは，一般にはほとんど意味のないいい方であるが，いまの場合には，たとえば $x > 0$ のときには

$$-x^n \leqq x^n \sin \frac{1}{x} \leqq x^n$$

となり，また $x = a$ で $\sin \frac{1}{x}$ が山の頂き 1 に達するならば，$x^n \sin \frac{1}{x}$ もまた山の頂き a^n に達することなどがわかる．$x = b$ で $\sin \frac{1}{x}$ が -1 になるならば，そこで $x^n \sin \frac{1}{x}$ は $-b^n$ となる．

このことから私たちは $y = x^n \sin \frac{1}{x}$ のグラフは，$y = x^n$ と $y = -x^n$ のグラフ

の間に挟まれながら，無限に振動を繰り返して，原点へと近づくグラフになると推論できる．$n = 1, 2$ の場合だけ図 27 でかいておいた．

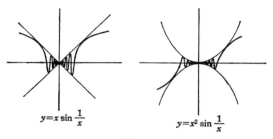

図 27

このグラフの形からもわかるように $x = 0$ のときには $y = 0$ とおくことにより

$$\varphi_n(x) = \begin{cases} x^n \sin \dfrac{1}{x}, & x \neq 0 \\ 0, & x = 0 \end{cases} \quad (n = 1, 2, \ldots)$$

と定義すると，$\varphi_n(x)$ は連続関数となる．

$n \geqq 2$ のとき，$y = x^n \sin \dfrac{1}{x}$ は，

$$\left| x^n \sin \dfrac{1}{x} \right| \leqq |x^n| \leqq x^2 \quad (|x| \leqq 1)$$

と評価されるから，$x \to 0$ のとき，x より高位の無限小となる．したがって，$\varphi_n(x)$ は $x = 0$ でも微分可能であって，$\varphi_n{}'(0) = 0$ となる．

これに反して $n = 1$ のときには

$$\lim_{h \to 0} \frac{\varphi_1(h) - \varphi_1(0)}{h} = \lim_{h \to 0} \frac{h \sin \frac{1}{h}}{h} = \lim_{h \to 0} \sin \frac{1}{h}$$

は存在しない（$+1$ と -1 の間を無限に振動する！）．したがって $\varphi_1(x)$ は $x = 0$ で微分可能でない．

この例からもわかるように，微分ができるか，できないかをグラフの形から推察することは，なかなか難しい場合もあるのである．

質問 $f(x)$ が a で微分できるということは，a からごく僅かに変化したときの f

の値 $f(a+h)$ が，大体 h に比例する変化の仕方をとるということですが，日常的な例でこの感じを教えていただけませんか．

答 高速道路を走る自動車の出発からの時間を t，走行距離を y とすると，関数 $y = f(t)$ が得られる．この関数の変化の模様を示す 1 つのバロメーターは，運転席の前にある速度計で与えられる．速度計の針が短時間に大きく揺れ動くときは，変化の状態が激しいときである．急にアクセルを踏んだり，ブレーキをかけたりするとそのようなことになる．高速道路がすいていて，一定のスピードで走るときには，速度計の針は 1 か所に止まって動かない．このとき，走行距離 y は，時間 t に比例している．しかし，速度計の針が激しく動いているときでも，ごく短い時間に限れば，速度計の針は，ほぼある目盛りを指し示しているだろう．ふつうは，この速度を，'そのときの速さは…' というようである．このことはごく短い時間に限れば，自動車はほぼ定速度で走っていると見てよいことを示している．いいかえれば，$y = f(t)$ は，各点 t のごく近くでは，t に比例した変化の仕方で，大体近似できるような動き方をしている．

第8講

平均値の定理

> **テーマ**
> ◆ 閉区間 $[a,b]$ における連続関数は最大値,最小値をとる.この事実は可微分関数に対して,どのような結果を導くか.
> ◆ ロルの定理
> ◆ 平均値の定理
> ◆ 前講の問題の解決
> ◆ 端点における微分可能性
> ◆ 単調増加,単調減少

最大値,最小値の存在と微分

第6講で証明した定理'閉区間 $[a,b]$ 上で定義された連続関数 $f(x)$ は,最大値 μ,最小値 ν をとる'を,特に $f(x)$ が微分可能の場合に適用することにより,重要な結論をそこから導き出そう.

関数 $f(x)$ に対する仮定は,以下での応用上の便宜さもあって,次のようにしておく.

($\sharp$)　$f(x)$ は閉区間 $[a,b]$ 上で定義された連続関数であって,

　i)　$f(a) = f(b)$

　ii)　$f(x)$ は開区間 (a,b) で微分可能

ここで,端点 a, b での微分可能性を仮定していないことに注意を払う必要がある.たとえば $a = 0$, $b = \dfrac{1}{\pi}$ とおき,区間 $\left[0, \dfrac{1}{\pi}\right]$ 上の連続関数

$$\varphi_1(x) = \begin{cases} x\sin\dfrac{1}{x}, & x \neq 0 \\ 0, & x = 0 \end{cases}$$

を考えると,$\varphi_1(0) = \varphi_1\left(\dfrac{1}{\pi}\right) = 0$ であって,また $\left(0, \dfrac{1}{\pi}\right]$ では微分可能である.したがって i), ii) の性質をみたしている.しかし,前講の Tea Time で示したよ

うに，$\varphi_1(x)$ は，左の端点 $x = 0$ で微分可能ではない．この例のように，端点 a, b で微分可能でないような，複雑な状況が関数 f におきていても，連続性さえみたしていればよいというのが，条件 (♯) の述べていることである．

さて，条件 (♯) をみたす関数 $f(x)$ を 1 つとる．もし，$f(x)$ が恒等的に $f(a)$ ($= f(b)$) に等しく定数のときには，(a, b) に属するどの点 x をとっても
$$f'(x) = 0 \tag{1}$$
となる．

次に $f(x)$ が定数でないときを考えよう．このとき，(a, b) の中にある点 x が存在して，$f(x) > f(a)$ となるか，$f(x) < f(a)$ が成り立つ．いずれの場合も同様だから，$f(x) > f(a)$ となる点 x がある場合を考えよう．$f(x)$ の閉区間 $[a, b]$ における最大値を μ とすると，このとき $\mu > f(a)$ ($= f(b)$) である．したがって最大値 μ をとる点 x_0 は，(a, b) の中にある：$a < x_0 < b$．$\mu = f(x_0)$ は最大値なのだから，任意の h ($\neq 0$) に対して
$$f(x_0 + h) - f(x_0) \leqq 0$$
$h > 0$ として，この両辺を h で割って $h \to 0$ とすると
$$f'_+(x_0) \leqq 0 \quad (\text{右からの微係数})$$
また，$h < 0$ として，この両辺を h で割って，不等号の向きが変わることに注意して $h \to 0$ とすると
$$f'_-(x_0) \geqq 0 \quad (\text{左からの微係数})$$
f は微分可能だから，x_0 における右からの微係数と左からの微係数の値は一致して，$f'(x_0)$ となる．したがって，2 つの式を見比べて
$$f'(x_0) = 0 \tag{2}$$
が得られた．

この (1) または (2) の結果を少し別の形にかき直しておこう．x_0 は a と b の間にある点だから
$$0 < \frac{x_0 - a}{b - a} < 1$$
となる．したがって
$$\theta = \frac{x_0 - a}{b - a}$$

とおくと，$0 < \theta < 1$ であって
$$x_0 = a + \theta(b-a) \quad (3)$$
と表わされる．逆に適当な θ ($0 < \theta < 1$) を
とって，このように表わされる数は a と b の
間にあることを注意しておこう．

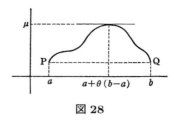

図 28

(1)，または (2) に (3) の表示を代入して，
結局次の定理が示された．

【定理】 関数 $f(x)$ は (♯) をみたしているとする．このとき，適当な θ ($0 < \theta < 1$)
をとると，次のようになる．
$$f'(a + \theta(b-a)) = 0$$

この定理を<u>ロルの定理</u>という．定理で述べていることは，a と b の間にある点
$a + \theta(b-a)$ で，$y = f(x)$ のグラフの接線の傾きが x 軸に平行になるということ
である（図 28）．

平均値の定理

ロルの定理を適用する際，関数 $f(x)$ に課した条件 (♯) の中で，i) の制約が強す
ぎて使いにくい．そのため，i) を除いて ii) だけをみたす関数，すなわち $[a,b]$ で
連続で，(a,b) で微分可能な関数 $f(x)$ にまで，ロルの定理を拡張しておくことが
望ましいことになる．

そのような拡張は，図 28 と図 29 を見比
べると容易にできる．ロルの定理は，図 28
で線分 PQ に平行な接線が必ず存在すると
いうことをいっている．図 28 と図 29 の違
いは，図 29 では，PQ が傾き
$$\frac{f(b) - f(a)}{b - a}$$
の線分になったというだけである．したが

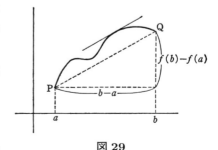

図 29

って，ロルの定理が適用できて，この場合にも，線分 PQ に平行な傾きをもつ，$y = f(x)$ のグラフの接線が a, b の間に存在することがわかる．すなわち次の定理が証明された．

【平均値の定理】 $f(x)$ を $[a, b]$ で連続，(a, b) で微分可能な関数とする．このとき適当な θ $(0 < \theta < 1)$ をとると

$$\frac{f(b) - f(a)}{b - a} = f'(a + \theta(b - a))$$

が成り立つ．

平均値の定理というのは，この左辺が $f(x)$ の区間 $[a, b]$ における変動の平均を与えているからである．

この式は移項して，整理すると

$$\boxed{f(b) = f(a) + (b - a)f'(a + \theta(b - a)), \quad 0 < \theta < 1}$$

となる．$b = a + h$ とおくと，同じ式は少し形を変えて

$$\boxed{(*) \quad f(a + h) = f(a) + hf'(a + \theta h), \quad 0 < \theta < 1}$$

となる．$f(x)$ がある区間で微分可能な関数ならば，その区間からとった任意の2点 a と $a + h$ に対して，この式はつねに成り立っていることになる．なぜなら，平均値の定理を区間 $[a, a + h]$ に限って適用するとよいからである．ロルの定理では，端点 a, b は動かしにくかったが，上の形となって，a と $a + h$ は自由に動けるようになったのである．図 28 から図 29 への移行は，その意味では決定的なものであった．

前講の問題の解決

平均値の定理から導かれた $(*)$ がいかに強力であるかは，前講での問題：$f'(x)$ がつねに 0 ならば，$f(x) = C$ (定数) といえるか？ が直ちに解けてしまうことからも察することができる．実際，$f'(x)$ がつねに 0 ならば，$(*)$ から，任意の h に

対して
$$f(a+h) = f(a)$$
となり，このことは，$f(x)$ が定数 $f(a)$ につねに等しいことを示している.

端点における微分可能性

$f(x)$ は，$[a,b]$ で連続，(a,b) で微分可能とする．このとき

> $$\lim_{x \to a+0} f'(x) = A$$
> が存在するならば，実は $f(x)$ は a で右から微分可能であって
> $$f'_+(a) = A$$
> となる.

【証明】 平均値の定理から，$h > 0$ で
$$\frac{f(a+h) - f(a)}{h} = f'(a + \theta h), \quad 0 < \theta < 1$$
が成り立つ．ここで $h \to 0$ とすると，$a < a + \theta h < a + h$ だから，右辺は仮定によって A に収束する．したがって $h \to 0$ のときの左辺の極限値も A に等しくなり，このことは，$f'_+(a) = A$ を示している． ∎

この命題が，どのように用いられるのかについては，少しわかりにくいかもしれない．微分の計算法を知っている人は，この結果を用いて，関数
$$\varphi(x) = \begin{cases} e^{-\frac{1}{x^2}}, & x \neq 0 \\ 0, & x = 0 \end{cases}$$
が，原点においても何回も微分可能であって，$\varphi'(0) = \varphi''(0) = \cdots = \varphi^{(n)}(0) = \cdots = 0$ となることを示すことができるだろう.

単調増加，単調減少

ある区間で定義されている関数 $f(x)$ が，この区間に属する任意の 2 点 x, x' に対して
$$x < x' \Longrightarrow f(x) < f(x')$$
が成り立つとき，f は<u>単調増加</u>であるという．また
$$x < x' \Longrightarrow f(x) > f(x')$$

が成り立つとき，f は単調減少であるという．

> すべての点 x で $f'(x) > 0$ ならば，f は単調増加である．
> すべての点 x で $f'(x) < 0$ ならば，f は単調減少である．

【証明】　いま $f'(x) > 0$ とする．平均値の定理から，区間内の 2 点 x, x' に対して，$x < x'$ のとき
$$f(x') - f(x) = (x' - x)f'(x + \theta(x' - x)), \quad 0 < \theta < 1$$
となる．$x' - x > 0$，$f'(x + \theta(x' - x)) > 0$ により，右辺は正である．したがって $f(x) < f(x')$ となり，f は単調増加のことが示された．

$f'(x) < 0$ の場合も，同様にして，f が単調減少のことがわかる．　∎

Tea Time

質問　連続関数の最大，最小の存在から，平均値の定理に至る道は大体理解できましたが，連続性から微分性へと移ったところで，景色がすっかり変わってしまったように私は感じました．この景色の変化について，もう少し説明していただけませんか．

答　閉区間 $[a, b]$ で定義された連続関数 $f(x)$ は，$[a, b]$ 内のある 2 点 x_1, x_2 で最大値，最小値をとるというのが出発点となる定理であった．この定理は実数の連続性という土壌の中から芽生えてきている．連続関数の枠内では，最大値，最小値をとる点といういい方でしか述べられなかった x_1, x_2 が，微分可能な関数の枠内では，$f'(x_1) = 0$, $f'(x_2) = 0$ という特性を示すことになった．ロルの定理は，いい方を変えれば，(♯) をみたす関数 f で定義された '関数方程式' $f'(x) = 0$ は，$[a, b]$ の中に少なくとも 1 つの解をもつということである．このことは連続関数が最大値，最小値をとるという性質が，微分の導入によって新しい観点を得たことを意味している．このような視点の転換が，実は，ロルの定理の証明に現われたグラフ (図 28) を斜めにして (図 29)，平均値の定理を導いた発想の自由さにつながっている．図 29 では，最大値，最小値という考えはもう消えてしまっている．最大値，最小値にこだわっていたら，平均値の定理 (∗) で，a と $a + h$ は，

区間の中で自由にとってもよいというような定式化はできなかったろう.

　区間のどこかの点 x_1, x_2 で最大値, 最小値をとるという, 存在は保証するが, その点を特定できない不定さは, 平均値の定理にも遺伝して, θ の同じ意味での不定さとなって現われている. しかし, 平均値の定理によって, 微分のもつある性質 (たとえば $f'(x) > 0$) は, 区間全体にわたる関数の大域的性質 (たとえば $f(x)$ が単調増加) に反映することが可能となってきたのである. たとえば, 3 次関数が与えられたとき, それがある区間で単調減少か, 単調増加を調べることが大切であるが, もしここで微分を知らなかったら, 一体, どういうことになったろうかと考えてみると, この平均値の定理の強力さがわかるだろう.

第9講

微分法

テーマ
- ◆ 微分法の公式
- ◆ 多項式の導関数
- ◆ 有理関数の導関数
- ◆ 三角関数,逆三角関数の導関数
- ◆ 指数関数,対数関数の導関数
- ◆ 合成関数の微分

はじめに

　微分法の公式や,三角関数,指数関数,対数関数などの導関数を求めることは,このシリーズの中の『微分・積分30講』における主要なテーマの1つであって,そこで十分に論じてきた.私は,本書をこの『微分・積分30講』とはひとまず独立であるようにかき進めているのであるが,微分法についての基本的なことについては,ここでもう一度詳細に説明することは避けたいと思う.ここでは,微分法についての主要な事柄を簡単に整理してまとめておいて,以下の講を読まれるのに,ひとまず差し支えない形にしておくことで済ますことにしよう.

微分法の公式

　f, g を微分可能な関数とする.このとき,次の公式が成り立つ.

(I) $(f+g)' = f' + g'$

(II) $(\alpha f)' = \alpha f', \quad \alpha \in \boldsymbol{R}$

(III) $(fg)' = f'g + fg'$

(IV) $\left(\dfrac{f}{g}\right)' = \dfrac{f'g - fg'}{g^2}$

この中で基本的なのは，(I), (II), (III) である．これらの公式を導く基礎となるのは，極限の公式

$$\lim_{x \to a}(f(x)+g(x)) = \lim_{x \to a}f(x) + \lim_{x \to a}g(x)$$
$$\lim_{x \to a}(\alpha f(x)) = \alpha \lim_{x \to a}f(x)$$
$$\lim_{x \to a}(f(x)g(x)) = \lim_{x \to a}f(x) \lim_{x \to a}g(x)$$

である（これらの公式が成り立つことは，四則演算の連続性 (44 頁) からわかる）．

(I), (II) をこの極限の公式から導くことは，省略する．

(I) と (II) から，$(f-g)' = (f+(-1)g)' = f' + (-1 \cdot g)' = f' + (-1)g' = f' - g'$. また (III) は

$$\begin{aligned}(fg)'(x) &= \lim_{h \to 0}\frac{f(x+h)g(x+h) - f(x)g(x)}{h} \\ &= \lim_{h \to 0}\frac{1}{h}\{f(x+h)g(x+h) - f(x)g(x+h) + f(x)g(x+h) - f(x)g(x)\} \\ &= \lim_{h \to 0}\frac{f(x+h)-f(x)}{h}g(x+h) + f(x)\lim_{h \to 0}\frac{g(x+h)-g(x)}{h} \\ &= f'(x)g(x) + f(x)g'(x)\end{aligned}$$

2 番目の等式から 3 番目の等式に移るところに，極限の公式を用いており，3 番目の等式から 4 番目の等式に移るところに，$g(x)$ の連続性（g が微分可能であることからの帰結！）を用いている．

(III) で特に $f = g = 1$ にとると $(1 \cdot 1)' = (1)' \cdot 1 + 1 \cdot (1)'$. ゆえに $(1)' = 2 \cdot (1)'$. したがって $(1)' = 0$. このことがわかると，$g \cdot \frac{1}{g} = 1$ の両辺に (III) を適用して $\left(\frac{1}{g}\right)' = -\frac{g'}{g^2}$ が得られる．この結果から $\frac{f}{g} = f \cdot \frac{1}{g}$ に注意して，再び (III) を用いて (IV) が得られる．

多項式の導関数

定数関数 $y = c$ の導関数は 0 である：$(c)' = 0$

$y = x$ の導関数は 1 である：$(x)' = 1$

これから

$$(x^2)' = x' \cdot x + x \cdot x' = 2x, \quad (x^3)' = (x^2 \cdot x)' = 2x \cdot x + x^2 \cdot 1 = 3x^2$$

一般に

$$(x^n)' = nx^{n-1}, \quad n = 0, 1, 2, \ldots$$

したがって, n 次多項式の形で与えられる関数
$$P(x) = a_0 x^n + a_1 x^{n-1} + \cdots + a_{n-1} x + a_n$$
に対しては
$$P'(x) = na_0 x^{n-1} + (n-1)a_1 x^{n-2} + \cdots + a_{n-1}$$
となる.

有理関数の導関数

2つの多項式 $P(x)$, $Q(x)$ によって
$$\frac{P(x)}{Q(x)}$$
と表わされる関数を<u>有理関数</u>という. $P(x)$, $Q(x)$ の導関数の形はわかっているから, 公式 (IV) によって, 有理関数の導関数を求めることができる.

三角関数の導関数

$y = \sin x$, $y = \cos x$, $y = \tan x$ を, ふつう<u>三角関数</u>という. これらの逆数をとって得られる関数
$$\operatorname{cosec} x = \frac{1}{\sin x}, \quad \sec x = \frac{1}{\cos x}, \quad \cot x = \frac{1}{\tan x}$$
(それぞれコセカント, セカント, コタンジェントと読む)を含めて, これら6つの関数を総称して三角関数ということもある.

解析学でこれらの関数が現われるときには, 変数 x は (もし角を表わしていると見るときには) 弧度で測った角を示していると考える. 弧度と $\sin x$, $\cos x$ の関係は, 図 30 において, 次のようになっている. 原点中心, 半径1の円を画いたとき, 角 EOP を表わす弧度 x は, EP の弧長である. ただし弧長は時計の針の進む向き

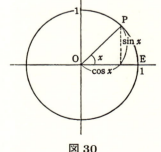

図 30

と逆向きに測ったときを正としてある．点 P の x 座標が $\cos x$ であり，y 座標が $\sin x$ である．

また
$$\tan x = \frac{\sin x}{\cos x}$$
である．$\sin^2 x + \cos^2 x = 1$，$1 + \tan^2 x = \sec^2 x$ が成り立つ．

$$(\sin x)' = \cos x, \quad (\cos x)' = -\sin x, \quad (\tan x)' = \sec^2 x$$

である．

この証明の基礎になるのは
$$\lim_{x \to 0} \frac{\sin x}{x} = 1$$
と，$\sin x$, $\cos x$ の加法公式である．念のため $\sin x$, $\cos x$ の加法公式をかいておこう：

$$\sin(x+y) = \sin x \cos y + \cos x \sin y$$
$$\sin(x-y) = \sin x \cos y - \cos x \sin y$$
$$\cos(x+y) = \cos x \cos y - \sin x \sin y$$
$$\cos(x-y) = \cos x \cos y + \sin x \sin y$$

逆三角関数の導関数

$$(\sin^{-1} x)' = \frac{1}{\sqrt{1-x^2}}, \quad -\frac{\pi}{2} \leq \sin^{-1} x \leq \frac{\pi}{2}$$

$$(\cos^{-1} x)' = \frac{-1}{\sqrt{1-x^2}}, \quad 0 \leq \cos^{-1} x \leq \pi$$

$$(\tan^{-1} x)' = \frac{1}{1+x^2}, \quad -\frac{\pi}{2} < \tan^{-1} x < \frac{\pi}{2}$$

指数関数，対数関数の導関数

$$(e^x)' = e^x$$
$$(\log x)' = \frac{1}{x}$$

指数関数 e^x における e は，<u>自然対数の底</u>とよばれるものであって

$$e = 2.718281828459045\cdots$$

と無限小数展開されていく数である．e は指数関数 a^x の中で，$x=0$ のときの微係数が 1 であるような数 a として特性づけられるが，また

$$e = \lim_{n\to\infty}\left(1+\frac{1}{n}\right)^n$$

と表わされることも知られている (第 23 講参照)．解析学に現われる対数は，特に断らない限り，すべてこの e を底として採用している．したがって

$$y = \log x \iff e^y = x$$

である．

合成関数の微分

$y = f(x)$ という関数が与えられたとする．x が定義域上を動くとき，y のとる値の範囲を f の値域という．関数 $z = g(y)$ の定義域が，f の値域を含むとき，合成関数

$$g \circ f(x) = g(f(x))$$

を考えることができる．f と g が微分可能のとき，合成関数 $g \circ f(x)$ の導関数を求めてみよう．第 7 講を参照すると，各点で

$$f(x+h) = f(x) + f'(x)h + o(h) \quad (h \to 0)$$
$$g(y+k) = g(y) + g'(y)k + o(k) \quad (k \to 0)$$

が成り立っている．したがって

$$g(f(x+h)) = g(f(x) + (f'(x)h + o(h)))$$
$$= g(f(x)) + g'(f(x))(f'(x)h + o(h)) + o(k)$$

ここで右辺第 2 式の k は

$$k = f'(x)h + o(h)$$

である．$h \to 0$ のとき $k \to 0$．したがって $o(k)$ は h に比べても高位の無限小となっている．右辺第 2 式の h についての高位の無限小を，すべてまとめて改めて $o(h)$ とかくと，結局

$$g(f(x+h)) = g(f(x)) + g'(f(x))f'(x)h + o(h)$$

が得られた．この式は $g \circ f(x)$ が微分可能で

$$(g \circ f)'(x) = g'(f(x))f'(x)$$

であることを示している．

Tea Time

 x^x の微分

$x > 0$ のとき，関数 $y = x^x$ を考えることができる．この関数は $x = 2$ のとき $y = 2^2 = 4$，$x = 3$ のとき $y = 3^3 = 27$，$x = 4$ のとき $y = 4^4 = 256$，$x = 5$ のとき $y = 5^5 = 3125$ と，急速に大きくなる関数である．変数 x の肩にのっている指数 x も変数だから，これを $(x^x)' = xx^{x-1}$ と微分しては間違いである．間違いとわかるのは，もちろん正解を知っているからである．x^x の導関数を直接微分の定義に戻って

$$\frac{(x+h)^{x+h} - x^x}{h}$$

の $h \to 0$ の極限値を調べるという考えで求めようと思っても，うまくいかない．

このような場合，対数微分という考えが有効である．いま，$y = x^x$ の両辺の対数をとる：

$$\log y = x \log x$$

この両辺を x で微分すると，左辺の微分には合成関数の微分の公式が使えて

$$\frac{y'}{y} = \log x + x \cdot \frac{1}{x}$$
$$= \log x + 1$$

となる．したがって

$$y' = y(\log x + 1)$$
$$= x^x(\log x + 1)$$

となる．

$y = x^x$ の微分がこのようにわかると，今度は同じ考えで

$$y = x^{x^x}$$

の微分も求めることができる．これは読者が試みてみられるとよい．この答は

$$x^{x^x}\{x^x(\log x + 1)\log x + x^{x-1}\}$$

である．

第 10 講

テイラーの定理

テーマ
- ◆ 高階導関数
- ◆ C^∞-級の関数
- ◆ テイラーの定理
- ◆ マクローランの定理
- ◆ e^x, $\sin x$ の展開
- ◆ 極大, 極小
- ◆ 極値と高階導関数
- ◆ (Tea Time) e は無理数

高階導関数

関数 $f(x)$ の導関数 $f'(x)$ が微分可能な関数であるときには, $f'(x)$ をさらにもう一度微分して $(f')'(x)$ を考えることができる. $(f')'(x)$ を $f''(x)$ とかき, f の 2 階の導関数という. $f''(x)$ が微分可能なときには, さらにもう一度微分して 3 階の導関数 $f'''(x)$ を考えることができる. 一般に $(n-1)$ 階までの導関数 $f^{(n-1)}(x)$ が定義されて, この関数がさらにもう一度微分できるときには, 実際 $f^{(n-1)}(x)$ を微分することにより, f の n 階の導関数 $f^{(n)}(x)$ が得られる.

何回でも繰り返して微分できるとき, f は C^∞-級の関数であるという. このとき, f を逐次微分していくことにより, f の高階導関数の系列
$$f, f', f'', f''', \ldots, f^{(n)}, \ldots$$
が得られる (f は 0 階の導関数と考える).

たとえば, 多項式は C^∞-級の関数である. $f(x)$ が n 次の多項式ならば, 微分するたびに次数が 1 つずつ下がって, $f^{(n+1)}(x) = 0$ となる.

e^x は C^∞-級の関数であって $(e^x)^{(n)} = e^x$ $(n = 1, 2, \ldots)$ である.

$\sin x$, $\cos x$ も C^∞-級の関数であって, これらの関数を逐次微分していくと, 次

の図式が示すように，高階導関数の系列には，4周期ごとに同じ関数が現われる：

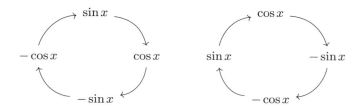

ここで矢印は，微分することを示している．

有理関数，無理関数，$\log x$ など，ふつうよく登場してくる関数は，すべて C^{∞}-級の関数である．

テイラーの定理

第8講で述べた平均値の定理は，f が閉区間 $[a,b]$ で連続で，(a,b) で微分可能のときに成り立つ定理であった．f が高階導関数をもつときに，この定理の拡張がどのような形をとるかを考えてみよう．この場合，f に課する条件としては，f は閉区間 $[a,b]$ で n 回微分可能とする．

このとき有名な次のテイラーの定理が成り立つ．

【定理】 $f(x)$ を $[a,b]$ で n 回微分可能な関数とする．このとき適当な θ $(0 < \theta < 1)$ をとると

$$f(b) = f(a) + \frac{f'(a)}{1!}(b-a) + \frac{f''(a)}{2!}(b-a)^2 + \cdots + \frac{f^{(n-1)}(a)}{(n-1)!}(b-a)^{n-1}$$
$$+ \frac{f^{(n)}(a+\theta(b-a))}{n!}(b-a)^n$$

が成り立つ．

【証明】 ロルの定理を用いて証明する．しかし，平均値の定理がロルの定理から直接導かれたのと違って，高階導関数 $f^{(n)}(x)$ は，$y=f(x)$ のグラフが何を示しているか判然としないから，証明には'解析的な'工夫が必要となる．したがって証明全体が少し見通し悪くなるのはやむをえない．

いま

$$R_n = f(b) - \left\{ f(a) + \frac{f'(a)}{1!}(b-a) + \cdots + \frac{f^{(n-1)}(a)}{(n-1)!}(b-a)^{n-1} \right\} \quad (1)$$

とおく．R_n は 1 つの決まった実数である．ここで証明の便宜上

$$R_n = (b-a)^n \lambda \quad (2)$$

とおいて，実数 λ がどのように表わされるかを，ロルの定理を用いて調べることにする．

$$\begin{aligned} F(x) &= f(x) + \frac{f'(x)}{1!}(b-x) + \cdots + \frac{f^{(n-1)}(x)}{(n-1)!}(b-x)^{n-1} \\ &\quad + (b-x)^n \lambda \end{aligned} \quad (3)$$

とおく．$F(x)$ は $[a,b]$ で連続で，(a,b) で微分可能である．さらに

$$F(a) = F(b) = f(b)$$

となっている．ここで $F(a) = f(b)$ となることは，(1) と (2) からわかる．$F(b) = f(b)$ となることは，$F(x)$ に実際 $x = b$ を代入してみると明らかである．

したがって，ロルの定理を $F(x)$ に適用することができて，$0 < \theta < 1$ をみたす θ で

$$F'(a + \theta(b-a)) = 0 \quad (4)$$

となるものがある．

(3) を実際微分すると

$$\begin{aligned} F'(x) &= f'(x) + \left\{ \frac{f''(x)}{1!}(b-x) - f'(x) \right\} + \left\{ \frac{f'''(x)}{2!}(b-x)^2 \right. \\ &\quad \left. - \frac{f''(x)}{1!}(b-x) \right\} + \cdots + \left\{ \frac{f^{(n)}(x)}{(n-1)!}(b-x)^{n-1} \right. \\ &\quad \left. - \frac{f^{(n-1)}(x)}{(n-2)!}(b-x)^{n-2} \right\} - n(b-x)^{n-1}\lambda \\ &= \frac{f^{(n)}(x)}{(n-1)!}(b-x)^{n-1} - n(b-x)^{n-1}\lambda \end{aligned}$$

したがって，(4) からこの右辺に $x = a + \theta(b-a)$ を代入すると 0 になる．式を整理すると

$$\lambda = \frac{f^{(n)}(a + \theta(b-a))}{n!}$$

が得られる．

(1) と (2) を参照すると，これで定理が証明されたことがわかる．

マクローランの定理

テイラーの定理で特に $a = 0$ のとき，マクローランの定理といって引用することが多い．ここではマクローランの定理は，次の形で述べておくことにする．

> $f(x)$ を $[0, b]$ で n 回微分可能な関数とする．このとき $0 \leqq x \leqq b$ に対して次の式が成り立つ．
> $$f(x) = f(0) + \frac{f'(0)}{1!}x + \frac{f''(0)}{2!}x^2 + \cdots + \frac{f^{(n-1)}(0)}{(n-1)!}x^{n-1}$$
> $$+ \frac{f^{(n)}(\theta x)}{n!}x^n, \quad 0 < \theta < 1$$

ここで $\dfrac{f^{(n)}(\theta x)}{n!}x^n$ を剰余項といって R_n で表わすことが多い．

もちろんこの定理は $b < 0$ でも成り立つ．（このとき考える区間は $[b, 0]$ となる．）したがって，特に $f(x)$ が実数全体で定義されて，そこで C^∞-級ならば，上の定理は，すべての x と，任意の自然数 n について成り立つことになる．ただしここで注意することは，0 と 1 の間にある数 θ は，x と n によって決まる数であるということである．たとえば x が変わったとき，θ がどのように変わるかなどということは，一般的には何もわからない．

例

e^x, $\sin x$ は，実数全体の上で定義された C^∞-級の関数である．これらの関数に実際マクローランの定理を適用した形は次のようになる．

> $$e^x = 1 + \frac{x}{1!} + \frac{x^2}{2!} + \cdots + \frac{x^{n-1}}{(n-1)!} + \frac{x^n}{n!}e^{\theta x}, \quad 0 < \theta < 1$$

> $$\sin x = x - \frac{x^3}{3!} + \frac{x^5}{5!} - \cdots + (-1)^{n-1}\frac{x^{2n-1}}{(2n-1)!} + R$$
> ここで $R = R_{2n} = (-1)^n \dfrac{\sin \theta x}{(2n)!}x^{2n}, \quad 0 < \theta < 1$

なお上の $\sin x$ の展開を，x^{2n} までの展開と見るときには (x^{2n} の項まで展開しても，その係数は 0 となって，見かけ上は，上の右辺と同じ形になっている)，
$$R = R_{2n+1} = (-1)^{n+1} \frac{\cos\theta x}{(2n+1)!} x^{2n+1}$$
となる．

極大，極小

$f(x)$ は区間 $[a, b]$ で定義された連続関数とする．$a < x_0 < b$ をみたす点 x_0 が次の性質をみたすとき，f は x_0 で極大になるといい，$f(x_0)$ を f の極大値という：

十分小さい正数 δ をとると
$$0 < |x - x_0| < \delta \quad で \quad f(x) < f(x_0)$$

また，$a < x_1 < b$ をみたす点 x_1 が次の性質をみたすとき，f は x_1 で極小になるといい，$f(x_1)$ を f の極小値という：

十分小さい正数 δ をとると
$$0 < |x - x_1| < \delta \quad で \quad f(x) > f(x_1)$$

f が x_0 で極大値をとるということは，$y = f(x)$ のグラフが x_0 で山の頂きとなっていることであり，x_1 で極小値をとるということは，グラフが x_1 で谷底となっていることである．

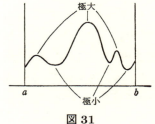

図 31

極値と微分

f を微分可能な関数とする．

> f が x_0 で極大値をとるならば，$f'(x_0) = 0$
> f が x_1 で極小値をとるならば，$f'(x_1) = 0$

この証明は，ロルの定理の証明のときに用いた考えと同様の考えでできる．

しかしこの逆は一般には成り立たない．たとえば $y = f(x) = x^3$ は単調増加であって，原点でけっして極値をとらないが，$f'(0) = 0$ となっている．

極値と高階導関数

f が C^∞-級の関数の場合, f が $x = c$ で極値をとるかとらないかの判定について, 次の結果は非常に役に立つ.

> 1 より大きいある自然数 n に対して
> $$f'(c) = f''(c) = \cdots = f^{(n-1)}(c) = 0, \quad f^{(n)}(c) = A \neq 0$$
> が成り立ったとする. このとき
>   i) n が偶数で $A > 0$ ならば, f は c で極小値をとる.
>   ii) n が偶数で $A < 0$ ならば, f は c で極大値をとる.
>   iii) n が奇数のときには, f は c で極大値も極小値もとらない.

【証明】 証明の要点は c を中心とするテイラーの定理を用いることにある. いまテイラーの定理で a として c をとり, b として変数 x をとると, 仮定によって $f'(c) = \cdots = f^{(n-1)}(c) = 0$ だから

$$f(x) = f(c) + \frac{f^{(n)}(c + \theta(x-c))}{n!}(x-c)^n \tag{5}$$

となる. f は C^∞-級だから, $f^{(n)}$ は可微分関数であって, したがって連続関数であることを注意しよう.

$f^{(n)}(c) = A > 0$ と仮定して, この場合を考えることにする. $f^{(n)}(x)$ の連続性からある正数 δ が存在して

$$|x - c| < \delta \implies f^{(n)}(x) > \frac{A}{2} \tag{6}$$

となる.

いま n を偶数とすると, $0 < |x - c| < \delta$ で $(x-c)^n > 0$ だから, (5) と (6) により, $0 < |x-c| < \delta$ で

$$f(x) > f(c) + \frac{1}{n!}\frac{A}{2}(x-c)^n > f(c)$$

となり, $f(c)$ は極小値となる.

n を奇数とすると, $c - \delta < x < c$ で $(x-c)^n < 0$; $c < x < c+\delta$ で $(x-c)^n > 0$. したがって

$$c-\delta < x < c \quad \text{で} \quad f(x) < f(c) + \frac{1}{n!}\frac{A}{2}(x-c)^n < f(c)$$
$$c < x < c+\delta \quad \text{で} \quad f(x) > f(c) + \frac{1}{n!}\frac{A}{2}(x-c)^n > f(c)$$

となり，$f(c)$ は極値とはなりえない．

$A < 0$ のときも同様にして証明される． ∎

問1 $\log x$ の n 階の導関数を求めよ．

問2 $\cos x$ にテイラーの定理を適用した場合，どのようになるか．

Tea Time

 e が無理数であることの証明

e^x にマクローラン展開を適用した式で $x = 1$ とおくと
$$e = 1 + \frac{1}{1!} + \frac{1}{2!} + \cdots + \frac{1}{(n-1)!} + \frac{e^\theta}{n!}, \quad 0 < \theta < 1$$
となる．e が有理数で
$$e = \frac{q}{p}$$
と表わされたとして，この式から矛盾を出したいのである．自然数 n を $n-1 = p$ のようにとり，上式の辺々に $(n-1)!$ をかけると，仮定から左辺は自然数となって
$$\text{自然数} = \text{自然数} + \frac{e^\theta}{p+1}$$
という式が得られる．$0 < \theta < 1$ で，e は $2 < e < 3$ をみたす数だから，$1 < e^\theta < 3$ である．したがって $1 < p+1 < 3$ でなければならず，これから $p = 1$ が得られる．このとき $e = q$（自然数！）となって矛盾となる．

e が無理数であることはこのようにして示されたが，円周率 π が無理数であることを示すのは，もう少し手間がかかる．比較的初等的な証明は『数学の学び方』(岩波書店) の中の小平邦彦先生のエッセー"数学に王道なし"に載せられているので，興味のある読者は参照されるとよいだろう．

第11講

テイラー展開

テーマ
- ◆ テイラー展開の剰余項と無限小の位数
- ◆ テイラー展開
- ◆ テイラー展開可能な関数：e^x, $\sin x$, $\cos x$
- ◆ 対数関数のテイラー展開と二項定理
- ◆ テイラー展開の左辺と右辺
- ◆ (Tea Time) テイラー展開のできない関数

テイラー展開の剰余項と無限小

平行移動すれば (あるいは数直線の目盛りをずらせば) テイラーの定理における $x=a$ という点は，座標原点へ移すことができる．したがって，以下では記述の簡単さということもあって，座標原点を中心としたテイラーの定理，すなわちマクローランの定理の形で話を進めていくことにしよう．

$f(x)$ を，原点を含むある開区間で C^∞-級の関数とする．以下，$f(x)$ については，すべてこの開区間の中で考えることにする．

$f(x)$ にマクローランの定理を適用した形を次のように表わしておく．

$$f(x) = f(0) + \frac{f'(0)}{1!}x + \cdots + \frac{f^{(n)}(0)}{n!}x^n + R_{n+1}$$
$$R_{n+1} = \frac{f^{(n+1)}(\theta x)}{(n+1)!}x^{n+1}, \quad 0 < \theta < 1 \tag{1}$$

いま

$$\sigma_0(x) = f(0), \quad \sigma_1(x) = f(0) + \frac{f'(0)}{1!}x,$$
$$\sigma_2(x) = f(0) + \frac{f'(0)}{1!}x + \frac{f''(0)}{2!}x^2, \ldots,$$
$$\sigma_n(x) = f(0) + \frac{f'(0)}{1!}x + \cdots + \frac{f^{(n)}(0)}{n!}x^n$$

とおくと, $\sigma_0(x)$ は定数, $\sigma_1(x)$ は x の 1 次式, $\sigma_2(x)$ は x の 2 次式, ..., $\sigma_n(x)$ は x の n 次式であって

$$f(x) - \sigma_n(x) = R_{n+1} \quad (n = 0, 1, 2, \ldots) \tag{2}$$

となっている. R_{n+1} は, x によって決まるというよりは, もう少し強く, f という関数が 0 の近くでどのように変動しているかという状況にも微妙に従属して決まっている. この微妙さは, $f^{(n+1)}$ の中に登場している θ で表わされている.

(2) は $f(x)$ が n 次の多項式 $\sigma_n(x)$ で近似されている様子を示しているが, 誤差 R_{n+1} は一般には測りにくい量となっている. しかし次のことはいえる. $f^{(n+1)}(x)$ は連続関数だから, 原点を含む閉区間で有界であって, 適当な定数 K によって

$$|f^{(n+1)}(x)| \leqq K$$

が成り立つ. したがって (1) と (2) により

$$\boxed{\;|f(x) - \sigma_n(x)| \leqq \frac{K}{(n+1)!}|x|^{n+1}\;}$$

である. このことから, $x \to 0$ のとき, $f(x) - \sigma_n(x)$ は x^{n+1} と同じかあるいはそれより高位の無限小であることがわかる.

すなわち, n を大きくしていくと, $f(x)$ と $\sigma_n(x)$ との差は, $x \to 0$ のとき, しだいに高位の無限小となっていく. しかし, x が原点から離れた場所で, $n \to \infty$ のとき, $\sigma_n(x)$ が $f(x)$ にいくらでも近づいていくかということは, まったく別の問題である. 実際, 多くの場合, $\sigma_n(x)$ は, $n \to \infty$ としても, $f(x)$ を近似していかない. これについては, もう少しあとで再考する.

テイラー展開

剰余項 (1) を $R_{n+1}(x)$ で表わす. もしある範囲のすべての x で

$$R_{n+1}(x) \longrightarrow 0 \quad (n \to \infty)$$

が成り立つならば, (2) から, 多項式の系列 $\sigma_0(x)$, $\sigma_1(x)$, ..., $\sigma_n(x)$, ... はこの範囲の x で $f(x)$ に収束する. したがってこのときには, $f(x)$ はこの多項式の系列の極限として

$$f(x) = f(0) + \frac{f'(0)}{1!}x + \frac{f''(0)}{2!}x^2 + \cdots + \frac{f^{(n)}(0)}{n!}x^n + \cdots \qquad (3)$$

と表わされる．このとき $f(x)$ は，(原点中心の) テイラー展開が可能な関数であるといい，(3) を $f(x)$ のテイラー展開という．

もちろん，$x=0$ では (3) の右辺はつねに収束している．したがって，上で多少漠然とした表現をとったが，$f(x)$ がある範囲でテイラー展開可能というときには，原点を含むある開区間で収束しているという意味で考えている．

e^x は，すべての x でテイラー展開が成り立つ．実際，前講から
$$R_{n+1}(x) = \frac{x^{n+1}}{(n+1)!}e^{\theta x}, \quad 0 < \theta < 1$$
であり，x をとめて考えると
$$|R_{n+1}(x)| \leqq \frac{|x|^{n+1}}{(n+1)!}\operatorname{Max}(1, e^x)$$
である．いま $|x|$ はある自然数 k より小さいとする．$n > 2k$ のとき
$$\frac{|x|^{n+1}}{(n+1)!} = \frac{|x|^{2k}}{(2k)!}\frac{|x|}{2k+1}\frac{|x|}{2k+2}\cdots\frac{|x|}{n+1} < \frac{|x|^{2k}}{(2k)!}\left(\frac{1}{2}\right)^{n-2k+1}$$
$$\longrightarrow 0 \quad (n \to \infty)$$
となり，このことから，すべての x に対して $R_{n+1}(x) \to 0$ となることがわかる．

e^x のテイラー展開は次の形をとる．

$$e^x = 1 + \frac{x}{1!} + \frac{x^2}{2!} + \frac{x^3}{3!} + \cdots + \frac{x^n}{n!} + \cdots$$

同様にして，$\sin x, \cos x$ も，すべての x でテイラー展開が可能であることが示される．$\sin x, \cos x$ のテイラー展開は次の形で表わされる．

$$\sin x = x - \frac{x^3}{3!} + \frac{x^5}{5!} - \cdots + (-1)^n\frac{x^{2n+1}}{(2n+1)!} + \cdots$$
$$\cos x = 1 - \frac{x^2}{2!} + \frac{x^4}{4!} - \cdots + (-1)^n\frac{x^{2n}}{(2n)!} + \cdots$$

対数関数のテイラー展開と二項定理

なお，ここで証明は与えないが，次の結果が成り立つことも知られている．

> $|x| < 1$ で $\log(1+x)$ は,原点中心のテイラー展開が可能であって
> $$\log(1+x) = x - \frac{x^2}{2} + \frac{x^3}{3} - \cdots + (-1)^{n+1}\frac{x^n}{n} + \cdots$$

> α を任意の実数とする. $|x| < 1$ で $(1+x)^\alpha$ は,原点中心のテイラー展開が可能であって
> $$(1+x)^\alpha = \sum_{n=0}^{\infty} \binom{\alpha}{n} x^n,$$
> ここで
> $$\binom{\alpha}{n} = \frac{\alpha(\alpha-1)(\alpha-2)\cdots(\alpha-n+1)}{n!}$$

$(1+x)^\alpha$ の上の展開を二項展開という. α が自然数 n のときには, x^{n+1} から先の係数はすべて 0 となって,よく知られている二項定理
$$(1+x)^n = 1 + \binom{n}{1}x + \binom{n}{2}x^2 + \cdots + \binom{n}{n}x^n$$
となっている.

注意 記号 $\binom{n}{k}$ は組合せの数を表わす記号 ${}_n C_k$ と同じである.現在,数学ではこのどちらの記号を主に使うかは,あまり一定していないようである.記号の選択は,好みということもあるが,印刷上の配慮ということもある. $\binom{n}{k}$ は,1 行ではなかなか組みにくいが,n と k は同じ大きさでよくわかる.${}_nC_k$ の方は 1 行で組めるが,あまり意味のない C の方が大きくて,肝心の n,k が小さくて読みにくいという欠点がある.

テイラー展開の左辺と右辺

$f(x)$ が $(-a, a)$ で原点中心のテイラー展開が可能であるときには,$-a < x < a$ をみたすすべての x に対して
$$f(x) = f(0) + \frac{f'(0)}{1!}x + \frac{f''(0)}{2!}x^2 + \cdots + \frac{f^{(n)}(0)}{n!}x^n + \cdots$$
が成り立つ.

この左辺は x における f の値である.

右辺は,f の原点における高階導関数の系列

$$f(0),\ f'(0),\ f''(0),\ \ldots,\ f^{(n)}(0),\ \ldots$$

が与えられれば完全に決まる．ところが，これらの値は ε をどんなに小さい正数に選んでおいても，$(-\varepsilon, \varepsilon)$ の範囲での $f(x)$ の挙動がわかれば，$f(x)$ を逐次微分することによって完全に決まってしまう．

すなわち，テイラー展開が成り立つならば，$f(x)$ の $(-a, a)$ での変化の模様は，原点のごく近く $(-\varepsilon, \varepsilon)$ の範囲での $f(x)$ の挙動によって，完全に決まってしまうのである．

前に述べたように，テイラー展開の右辺の部分和，$\sigma_0(x), \sigma_1(x), \ldots, \sigma_n(x), \ldots$ は，$x \to 0$ のときの $f(x)$ の状況を，しだいしだいに高位の無限小を除いて，近似的に示していくが，その意味では，テイラー展開の右辺は，原点のまわりでの f の'深さ'を示しているといってもよいだろう．一方，左辺は，x が原点から離れて広がっていくときの，f の変化を示している．

この2つの相反する関数の相が，等号で結ばれているところに，テイラー展開が成り立つ関数の特殊性と，重要性がひそんでいるのである．

Tea Time

テイラー展開のできない関数

講義の中で述べた事実 '$f(x)$ が $(-a, a)$ の範囲で，原点中心のテイラー展開ができるならば，$f(x)$ は実はどんな小さい正数 ε をとってみても $(-\varepsilon, \varepsilon)$ における f のとる値で決まる' は，次のことを意味している．図32で，f, g, h は C^∞-級関数とし，f は $(-a, a)$ の範囲で原点中心のテイラー展開が可能であるとする．このとき g, h は，$(-a, a)$ の範囲全体にわたって成り立つような，原点中心のテイ

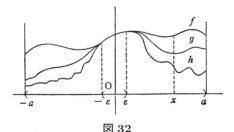

図 32

ラー展開は不可能である．実際，たとえば点 x では，g と h のテイラーの定理における剰余項 $R_{n+1}(g;x)$, $R_{n+1}(h;x)$ は，$n \to \infty$ のとき 0 に収束していない．f の剰余項 $R_{n+1}(f;x)$ のみが，$n \to \infty$ のとき 0 に収束して，f のテイラー展開を成り立たせているのである．

これと多少違った状況で，テイラー展開ができないこともある．いま

$$\varphi(x) = \begin{cases} e^{-\frac{1}{x^2}}, & x > 0 \\ 0, & x \leqq 0 \end{cases}$$

という関数を考えると，$\varphi(x)$ は C^∞-級の関数である (以下の議論では，φ の代りに，$x < 0$ のとき $e^{-\frac{1}{x^2}}$ と定義した関数をとっても同じである)．$x \to 0$ のとき，$\varphi(x)$ はすべての $x^n (n = 1, 2, \ldots)$ よりも高位の無限小となって 0 に近づく (図 33)．この事情から実は

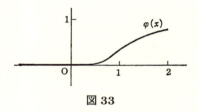

図 33

$$\varphi^{(n)}(0) = 0 \quad (n = 0, 1, 2, \ldots)$$

となることがわかる (第 8 講参照)．このとき

$$\sum_{n=0}^{\infty} \frac{\varphi^{(n)}(0)}{n!} x^n = \sum_{n=0}^{\infty} \frac{0}{n!} x^n = 0$$

となって，φ の (形式的な) テイラー展開の右辺は 0 となっている．しかし $\varphi(x) \neq 0$ $(x > 0)$ である．すなわち，φ についてはテイラー展開は成り立たない．テイラー展開は，(もし成り立つならば) x^n より高位の無限小の差を除いて，$\varphi(x)$ を $x \to 0$ のとき近似する多項式 $\sigma_n(x)$ の極限として得られるはずなのであるが，いまの場合，$\varphi(x)$ 自身がすべて x^n より速く 0 に近づくから，$\sigma_0(x), \ldots, \sigma_n(x), \ldots$ という多項式の系列は，$\varphi(0) = 0$ 以外の情報を何も与えてくれないのである．

第12講

ベ キ 級 数

テーマ
- ◆ 多項式関数からベキ級数へ
- ◆ ベキ級数
- ◆ ベキ級数の収束性,絶対収束
- ◆ 収束半径,収束域
- ◆ 収束半径を与える公式——コーシー・アダマールの定理

多項式関数からベキ級数へ

テイラー展開できる関数は,いわば多項式の極限として表わされる関数である.多項式で表わされる関数

$$y = a_0 + a_1 x + a_2 x^2 + \cdots + a_n x^n$$

は,数学の中で最も基本的な関数であるといってよい.読者は,関数との最初の出会いが,1次関数 $y = ax + b$,2次関数 $y = ax^2 + bx + c$ であったことを思い出されるとよいだろう.このような関数は,係数が具体的な数値で与えられていれば,与えられた x に対する y の値を,足し算,引き算,かけ算だけの演算で求めることができる.

実際の話,関数が多項式関数だけではなくなって,$\sin x$ や e^x の形になってくると,少し複雑な x に対しては,定義から直接関数の値を求めることなど不可能になってくる.関数の定義は,一般には数値計算できる道を明示しているとは限らない.

しかし,現実には,関数 $y = f(x)$ が与えられたとき,x に対する y の値を求めるといっても,十分よい精度をもつ y の近似値が求められればよいということになっている.もともと解析の基礎をつくっている実数も,一般には近似的な様相しか把握できない数から構成されている.たとえば $\sqrt{2}$ にしても,π にしても,

無限小数展開に現われる小数点以下の必要な桁数までは，(原理的には) つねに求めることができるが，無限小数の最後まで知ることはできないのである．

実数全体の体系が，有限小数からの近似という考えで総合的に把握されており，それが連続性という概念で統括されているならば，実数の上で定義された関数も，計算可能な多項式から，その極限移行によって得られる

$$a_0 + a_1 x + a_2 x^2 + \cdots + a_n x^n + \cdots$$

の形の関数までが，最も基本的なものであると考えることは，ごく自然なことになってくる．少なくとも，このような形で表わされる関数は，非常に基本的な関数であると考えてよいだろう．

上の形の式を，(x についての) <u>ベキ級数</u>という．ベキ級数を表わすのに，和の記号 $\sum$ を用いて

$$\sum_{n=0}^{\infty} a_n x^n \tag{1}$$

とかくことが多い．

与えられた x の値に対して，(1) の部分和のつくる数列

$$\sigma_n(x) = \sum_{i=0}^{n} a_i x^i \quad (n = 0, 1, 2, \ldots)$$

が，$n \to \infty$ のとき，決まった値に収束するならば，x に対してこの極限値を対応させることにより，1 つの関数が得られる．この関数を

$$f(x) = \sum_{n=0}^{\infty} a_n x^n$$

のように表わし，ベキ級数 (1) で定義された関数という．

収 束 性

ベキ級数 (1) の収束については，次の命題が基本的である．

> $x = x_0$ で (1) が収束するならば，$|x| < |x_0|$ をみたすすべての x で (1) は収束する．

【証明】 $\sum_{n=0}^{\infty} a_n x_0{}^n$ は収束するから，部分和のつくる数列 $\sigma_0(x), \sigma_1(x), \ldots,$ $\sigma_n(x), \ldots$ は収束し，したがってコーシー列をつくる (第 3 講)．特に

$$|\sigma_n(x_0) - \sigma_{n-1}(x_0)| = \left|\sum_{i=0}^{n} a_i x_0^i - \sum_{i=0}^{n-1} a_i x_0^i\right|$$
$$= |a_n x_0{}^n| \longrightarrow 0 \quad (n \to \infty)$$

が成り立つ．したがって，正数 K を任意に1つとったとき，十分大きな N をとると

$$n \geqq N \Longrightarrow |a_n x_0{}^n| \leqq K$$

となる．$|x| < |x_0|$ をみたす x をとると，$0 \leqq \theta < 1$ をみたす θ を適当に選ぶことにより

$$|x| = \theta |x_0|$$

と表わせる．このとき $n \geqq N$ で

$$|a_n x^n| = |a_n x_0{}^n| \theta^n \leqq K\theta^n$$

$\sum_{n=0}^{\infty} a_n x^n$ が収束することを示すには，部分和のつくる数列 $\{\sigma_n(x)\}$ がコーシー列となることを示すとよい．$m > n \geqq N$ とすると

$$|\sigma_m(x) - \sigma_n(x)| = \left|\sum_{i=n+1}^{m} a_i x^i\right|$$
$$\leqq \sum_{i=n+1}^{m} |a_i x^i| \leqq \sum_{i=N}^{\infty} |a_i x^i| \leqq K \sum_{i=N}^{\infty} \theta^i$$
$$= \frac{K\theta^N}{1-\theta} \longrightarrow 0 \quad (N \to \infty) \tag{2}$$

したがって $|x| < |x_0|$ で，$\sum_{n=0}^{\infty} a_n x^n$ が収束することが証明された．∎

注意 (2) は $|x| \leqq \theta |x_0|$ をみたす x でもつねに成り立っている．

この証明の途中で，$\sum_{n=0}^{\infty} |a_n x^n|$ も収束することが示された．このように級数の各項の絶対値をとっても収束する級数を<u>絶対収束する級数</u>という（絶対収束すれば収束しているが，収束しても絶対収束はしない級数も存在する）．

したがって上の命題は，次のように述べた方が，もう少し強い命題を述べたことになる．

$x = x_0$ で (1) が収束するならば，$|x| < |x_0|$ をみたすすべての x で (1) は絶対収束する．

収束半径

上の結果によれば，ベキ級数 (1) は，ある x_0 で収束すれば，$-|x_0| < x < |x_0|$ をみたすすべての x で収束している．すなわち開区間 $(-|x_0|, |x_0|)$ に属するすべての点 x で収束している．

もしベキ級数 (1) が，すべての実数 x で収束すれば，収束域は $\boldsymbol{R}$ であるといい，収束半径は ∞ であるという．

そうでないときには，ベキ級数が開区間 $(-|x_0|, |x_0|)$ の各点で収束するような $|x_0|$ に上限が存在する．そのとき

$$r = \sup |x_0|$$

とおいて，r を収束半径，開区間 $(-r, r)$ を収束域という．

収束半径というのは，妙な言葉と思われるかもしれないが，要するに，原点から収束域の境界点までの距離である (ベキ級数の考察を，複素平面にまで一般化して行なうことにすると，収束半径という言葉はそこではごく自然に感じられるようになる (Tea Time 参照))．

まとめておくと

> r をベキ級数 (1) の収束半径とすると
>
> $|x| < r \implies \sum_{n=0}^{\infty} a_n x^n$ は収束
>
> $|x| > r \implies \sum_{n=0}^{\infty} a_n x^n$ は発散

$x = r$, $x = -r$ のときは，収束する場合もあるし，発散する場合もある．

【例 1】 $1 + x + x^2 + \cdots + x^n + \cdots$ は収束半径 1 である．$x = 1$, $x = -1$ では発散する．

【例 2】 $1 + \frac{x}{1} + \frac{x^2}{2} + \cdots + \frac{x^n}{n} + \cdots$ は収束半径 1 である．$x = 1$ で発散，$x = -1$ で収束．

【例 3】 $1 + \frac{x}{1^2} + \frac{x^2}{2^2} + \cdots + \frac{x^n}{n^2} + \cdots$ は収束半径 1 である．$x = 1$, $x = -1$ で収束．

収束半径の公式

ベキ級数 (1) が与えられたとき，この収束半径 r をどのようにして求めるかについては，次の有名なコーシー・アダマールの定理がある．

【定理】 ベキ級数 (1) の収束半径を r とする．このとき
$$\frac{1}{r} = \overline{\lim} \sqrt[n]{|a_n|}$$
が成り立つ．ここで $r = \infty$ のときは，右辺は 0 に等しく，また $r = 0$ のとき右辺は ∞ に等しいという意味でこの等号が成り立つと考える．

【証明】 $\lambda = \overline{\lim} \sqrt[n]{|a_n|}$ とおき，簡単のため $\lambda \neq 0$ のときだけを考えることにする．
いま $\lambda|x| < 1$ をみたす x を 1 つとる．$\lambda < \lambda_0$ を
$$\lambda|x| < \lambda_0|x| < 1$$
となるようにとる．上極限の性質 (第 3 講参照) を λ に適用すると，ある自然数 N に対して
$$n \geqq N \implies \sqrt[n]{|a_n|} < \lambda_0; \text{ すなわち } |a_n| < \lambda_0{}^n$$
である (図 34 参照)．したがって $m > n \geqq N$ のとき
$$| a_n x^n + a_{n+1} x^{n+1} + \cdots + a_m x^m | \leqq |a_n x^n| + \cdots + |a_m x^m|$$
$$\leqq \lambda_0{}^n |x|^n (1 + \lambda_0|x| + \cdots + \lambda_0{}^{m-n}|x|^{m-n})$$
$$\leqq \lambda_0{}^n |x|^n (1 + \lambda_0|x| + \cdots + \lambda_0{}^{m-n}|x|^{m-n} + \cdots)$$
$$\leqq \lambda_0{}^n |x|^n \frac{1}{1 - \lambda_0|x|}$$
この最後の不等式を導くときに，$\lambda_0|x| < 1$ と等比級数の和の公式を用いた．したがって $n \to \infty$ のとき $\lambda_0{}^n |x|^n \to 0$ に注意すると，結局 $m, n \to \infty$ のとき左辺 $\to 0$ が成り立つことがわかる．

ゆえに (部分和がコーシー列となり) $\sum a_n x^n$ は収束する．
次に $\lambda|x| > 1$ をみたす x を 1 つとる．$\lambda > \lambda_1$ を
$$\lambda|x| > \lambda_1|x| > 1$$
となるようにとる．上極限の性質を λ に適用すると，無限に多くの a_n で

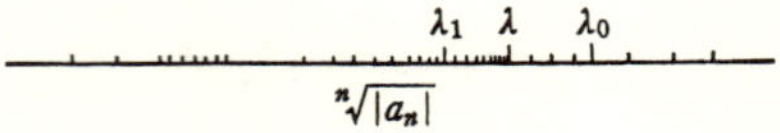

第12講 ベキ級数

図 34

$$\sqrt[n]{|a_n|} > \lambda_1$$

となり (図 34 参照), したがってこのような a_n に対して

$$|a_n x_n| > \lambda_1{}^n |x|^n \longrightarrow \infty \quad (n \to \infty)$$

となり, $\sum a_n x^n$ は発散する.

結局 $|x| < \frac{1}{\lambda}$ ならば $\sum a_n x^n$ は収束し, $|x| > \frac{1}{\lambda}$ ならば $\sum a_n x^n$ は発散することがわかった. このことは $\frac{1}{\lambda}$ が収束半径であることを示している.

なお

$$\lim \frac{|a_{n+1}|}{|a_n|}$$

が存在するときには

$$\lim \frac{|a_{n+1}|}{|a_n|} = \overline{\lim} \sqrt[n]{|a_n|}$$

が成り立つことが知られている. 上の定理を用いて収束半径を求めるときには, この結果を知っていると有効に用いられることが多い.

Tea Time

質問 収束半径の説明のところでちょっと触れられた, ベキ級数の考察を複素平面にまで一般化するということは, どういうことなのでしょうか.

答 いまベキ級数 $\sum a_n x^n$ が与えられたとする. もちろんいままでの説明では, 係数 a_n も, 変数 x も実数である. 質問に答えるためには, ここでは複素数のことは少し知っているとして話を進めよう. 複素数は図 35 で示してあるように, 複素平面またはガウス平面とよばれる平面上の点として図示される. このとき実数は, ふつうの座標平面では x 軸に相当するところに画かれている. y 軸に相当するところは虚軸である. また複素数 z に対し, z の絶対値 $|z|$ は, 原点から z を表わす点へ引いたベクトルの長さである.

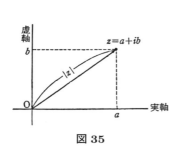
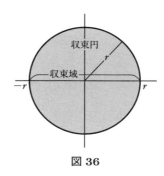

図 35　　　　　　　　図 36

$\sum a_n x^n$ の収束半径を r としよう．講義の中で与えた証明を見直してみると，もし眼を実数から複素数へと広げておくならば，'複素変数' のベキ級数 $\sum a_n z^n$ も，$|z| < r$ で収束するという証明になっていることがわかるだろう．すなわち複素平面上の，原点中心，半径 r の円の内部で $\sum a_n z^n$ は収束し，そこで1つの関数 $f(z)$ を表わすということが証明されたことになっている．

このようにして，実数のベキ級数 $\sum a_n x^n$ が与えられると，自然に複素数の関数

$$f(z) = \sum a_n z^n$$

が定義されてくる．そしてこのとき関数の定義域は，収束域 $(-r, r)$ から，複素平面上の原点中心，半径 r の円の内部――収束円――へと変わってくる (図 36)．ここまでくると，r を収束半径とよぶ理由がはっきりする．

第13講

ベキ級数で表わされる関数

―― テーマ ――
- ◆ 連続関数列の極限は，一般には連続関数になるとは限らない．
- ◆ 一様収束性
- ◆ ベキ級数で表わされる関数は連続である．
- ◆ ベキ級数で表わされる関数は C^∞-級である．
- ◆ ベキ級数で表わされる関数と，テイラー展開可能な関数との関係
- ◆ (Tea Time) $e^{ix} = \cos x + i \sin x$

連続性と収束

ベキ級数
$$a_0 + a_1 x + a_2 x^2 + \cdots + a_n x^n + \cdots \tag{1}$$
が与えられたとする．部分和
$$\sigma_n(x) = a_0 + a_1 x + \cdots + a_n x^n$$
は多項式であって，したがって単に連続関数であるというだけではなくて，C^∞-級の関数になっている．もっとも，C^∞-級の関数といっても，この場合 $(n+1)$ 階以上の導関数はすべて 0 となる．

それでは，$\sigma_n(x)$ の極限である (1) は，収束域の中で連続かというと，結論的にはそれは正しいのであるが，けっして自明なこととはいえないのである．

なぜかというと，一般に閉区間 $[a, b]$ で定義された連続関数列
$$f_1(x), f_2(x), \ldots, f_n(x), \ldots$$
があって，各点 x をとめて $n \to \infty$ としたとき，$f_n(x)$ はある関数 $f(x)$ に収束しているとしても，$f(x)$ は一般には連続とはいえないからである．

そのような例を 1 つあげておこう．

閉区間 $[0, 2]$ で考えることにし，そこで連続関数 $f_n(x)$ を

$$f_n(x) = \begin{cases} 0, & x \leq 1 \\ n(x-1), & 1 < x \leq 1 + \dfrac{1}{n} \\ 1, & x > 1 + \dfrac{1}{n} \end{cases} \quad (n=1,2,\ldots)$$

によって定義する．また $x=1$ で連続でない関数 $f(x)$ を

$$f(x) = \begin{cases} 0, & x \leq 1 \\ 1, & x > 1 \end{cases}$$

によって定義する．このとき，図 37 からも明らかなように，各点 $x \in [0,2]$ で

$$f_n(x) \longrightarrow f(x) \quad (n \to \infty)$$

となっている．連続関数列 $f_n(x)$ の極限は連続ではないのである！

この例では，連続関数 $f_n(n=1,2,\ldots)$ の 1 における連続性は，n が大きくなるにつれて，いわばしだいに均衡を失ってきている．図 37 のグラフを，x 軸が時間を表わし，y 軸が走行距離を示す列車の運行図とみると，1 を過ぎたところで f_n の表わす列車のスピードは，n が大きくなるにつれ急速に大きくなり，結局 $n \to \infty$ のとき連続性が破綻するというようになっている．

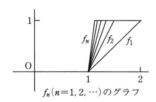
$f_n(n=1,2,\cdots)$ のグラフ

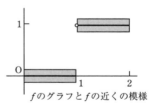
f のグラフと f の近くの模様

図 37

一様収束

このような状況がおきない保証は，一様収束という概念によって与えられる．閉区間 $[a,b]$ で定義された連続関数列

$$f_1(x), f_2(x), \ldots, f_n(x), \ldots$$

が，各点 x で関数 $f(x)$ に収束しているとする．このことは，任意に正数 ε をとったとき，ある番号 N があって

$$n \geq N \implies |f_n(x) - f(x)| < \varepsilon$$

が成り立つことを意味している．しかしこの番号 N のとり方は，各点 x に従属している．そのことに注意した上で，次の定義をおく．

【定義】 どんな正数 ε をとっても，x によらずにある番号 N が決まって
$$n > N \Longrightarrow |f_n(x) - f(x)| < \varepsilon$$
が成り立つとき，$f_n(x)$ は $f(x)$ に (区間 $[a,b]$ で) <u>一様に収束する</u>という．

この概念は，グラフの方から見ておいた方が，理解しやすいだろう．図38で，$y = f(x)$ のグラフの両側に，ε 幅の帯状の部分をつくっておく．$f_n(x)$ が，$n \to \infty$ のとき，$f(x)$ に一様収束するとは，ある番号 N から先の f_n のグラフが，すべてこの帯状の部分に入ってしまうことである．

改めて前の頁の図37を見てみると，極限関数 f のグラフの帯状の部分に，どんなに大

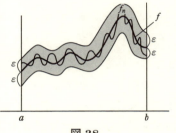

図38

きな n をとってみても，f_n のグラフは入ってこないことがわかる．すなわち，図37で示された例では，f_n は f に一様収束していないのである．

しかし連続関数 f_n $(n = 1, 2, \ldots)$ が，$n \to \infty$ のとき，ある関数 f に一様に収束しているならば，f は連続であるということが結論できる．すなわち，次の命題が成り立つ．

> 連続関数 f_n が，$n \to \infty$ のとき，f に一様に収束しているならば，f もまた連続関数である．

【証明】 考えている範囲は，閉区間 $[a,b]$ である．いま正数 ε を任意に1つとる．このとき，ある番号 N があって，すべての $x \in [a,b]$ に対して
$$n \geqq N \Longrightarrow |f_n(x) - f(x)| < \varepsilon$$
が成り立つ．一方，f_N は仮定によって連続だから，任意に点 $x_0 \in [a,b]$ をとったとき，ある正数 δ をとると
$$|x - x_0| < \delta \Longrightarrow |f_N(x) - f_N(x_0)| < \frac{\varepsilon}{3}$$
が成り立つ．したがって

$$
\begin{aligned}
|x-x_0|<\delta \Longrightarrow |f(x)-f(x_0)| &\\
&\leqq |f(x)-f_N(x)|+|f_N(x)-f_N(x_0)|\\
&\quad +|f_N(x_0)-f(x_0)|\\
&<\frac{\varepsilon}{3}+\frac{\varepsilon}{3}+\frac{\varepsilon}{3}=\varepsilon
\end{aligned}
$$

このことは，f が点 x_0 で連続のことを示している．x_0 は $[a,b]$ の任意の点だったから，f は $[a,b]$ で連続である． ∎

ベキ級数で表わされる関数の連続性

> ベキ級数で表わされる関数
>
> $$f(x)=\sum_{n=0}^{\infty}a_nx^n$$
>
> は，収束域 $(-r,r)$ において連続である．

【証明】 収束域から任意に点 $\tilde{x}$ を1つとる．$-r<\tilde{x}<r$ から，$|\tilde{x}|<|x_0|<r$ をみたす x_0 を r に十分近くとり，次に1に十分近く θ $(0<\theta<1)$ をとると

$$-\theta x_0<\tilde{x}<\theta x_0$$

が成り立つようにできる (図39参照).

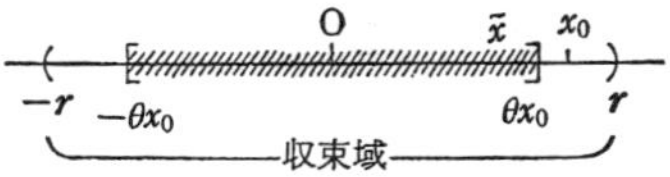

図 39

前講の (2) は，$|x|\leqq\theta x_0$ となる x でつねに成り立つ式であることに注意して，前講の (2) で $m\to\infty$ とすると，適当な正数 K に対して，$[-\theta x_0,\theta x_0]$ でつねに

$$
\begin{aligned}
n\geqq N \Longrightarrow |\sigma_n(x)-f(x)| &= \left|\sum_{i=n+1}^{\infty}a_ix^i\right|\\
&\leqq \frac{K\theta^N}{1-\theta}
\end{aligned}
$$

が成り立つことがわかる．$N\to\infty$ のとき $\theta^N\to 0$ だから，この右辺は，N さえ十分大きくとれば，いくらでも小さくすることができる．この N のとり方は x にはよらない．このことは，$\sigma_n(x)$ が，閉区間 $[-\theta x_0,\theta x_0]$ で，f に一様に収束していることを示している．$\sigma_n(x)$ は連続関数 (多項式！) だから，f はこの区間で

連続である．特に f は $\tilde{x}$ で連続である．$\tilde{x}$ は収束域の中の任意の点でよかったから，f は収束域で連続な関数となっている．

ベキ級数で表わされる関数の微分可能性

ベキ級数で表わされる関数は，収束域の中で単に連続というだけではなくて，実は C^∞-級の関数であって，その導関数を求めるのは，多項式のように各項を微分するとよい．すなわち次のことが成り立つ．

> ベキ級数で表わされる関数
> $$f(x) = \sum_{n=0}^{\infty} a_n x^n$$
> は，収束域 $(-r, r)$ で C^∞-の関数である．$f(x)$ の導関数は，再びベキ級数によって
> $$f'(x) = \sum_{n=1}^{\infty} n a_n x^{n-1}$$
> と表わされる．右辺のベキ級数の収束域は $(-r, r)$ である．

ここで述べていることを繰り返して用いると，関数
$$f(x) = a_0 + a_1 x + a_2 x^2 + a_3 x^3 + \cdots + a_n x^n + \cdots$$
は，右辺を多項式と同じような計算規則で，逐次微分していってもよいということになる：
$$f'(x) = a_1 + 2a_2 x + 3a_3 x^2 + \cdots + n a_n x^{n-1} + \cdots$$
$$f''(x) = 2a_2 + 3 \cdot 2a_3 x + \cdots + n(n-1) a_n x^{n-2} + \cdots$$
$$f'''(x) = 3 \cdot 2a_3 + \cdots + n(n-1)(n-2) a_n x^{n-3} + \cdots$$
$$\cdots\cdots$$

このとき，右辺の収束域は変わらない．微分という演算は，ここでは右辺で表わされる無限軌道 (キャタピラ) を，1つ1つ前へ送り出していくような作用となっている．そして $f(x)$ が C^∞-級の関数となっていることがわかる．

【証明の概略】　まずベキ級数
$$\sum_{n=1}^{\infty} n a_n x^{n-1}$$

の収束半径が r であることを見る．それにはコーシー・アダマールの定理から
$$\overline{\lim} \sqrt[n]{n|a_n|} = \frac{1}{r}$$
を示せばよい．しかしこの式は $\sqrt[n]{n} \to 1$ と $\overline{\lim} \sqrt[n]{|a_n|} = \frac{1}{r}$ から成り立つことがわかる．

$\sqrt[n]{n} \to 1$ を示すのは，まず $\frac{\log x}{x}$ が $x \geqq e$ で単調減少のことから，$\sqrt[n]{n} > \sqrt[n+1]{n+1}$ ($n \geqq 3$) が導かれて，$\lim \sqrt[n]{n} = \alpha \geqq 1$ の存在がわかる．次に
$$\sqrt{\alpha} = \lim n^{\frac{1}{2n}} = \lim 2^{-\frac{1}{2n}} \lim (2n)^{\frac{1}{2n}} = \alpha$$
から $\alpha = 1$ が示される．

さて，$f(x)$ が微分可能であって，
$$f'(x) = \sum n a_n x^{n-1}$$
となることを示すためには，x, $x+h$ を $|x| < \rho < r$, $|x+h| \leqq \rho < r$ (ρ はある正数) をみたすようにとって，
$$\frac{f(x+h) - f(x)}{h} = \sum_{n=0}^{\infty} \frac{a_n(x+h)^n - a_n x^n}{h}$$
$$= \sum_{n=1}^{\infty} a_n \left\{ (x+h)^{n-1} + (x+h)^{n-2} x + \cdots + x^{n-1} \right\}$$
を考察する (2 番目の式から 3 番目の式へ移るところでは，公式 $A^n - B^n = (A-B)(A^{n-1} + A^{n-2}B + \cdots + B^{n-1})$ を用いている)．この右辺の絶対値は $na_n \rho^{n-1}$ 以下である．一方，$\rho < r$ だから，$\sum na_n \rho^{n-1}$ は収束する．このことから，右辺が h について一様収束していることがわかる．ゆえに h の級数として，右辺は h についての連続な関数を表わしている．したがって $h \to 0$ とするこの極限値は存在して，この極限値は右辺の式で，$h = 0$ を代入したものとなっている．このことは，f が x で微分可能であって
$$f'(x) = \sum_{n=1}^{\infty} na_n x^{n-1}$$
であることを示している．

ベキ級数とテイラー展開

'ベキ級数' によって
$$f(x) = \sum_{n=0}^{\infty} a_n x^n \tag{2}$$

と表わされる関数を考える．f は C^∞-級であって，f の n 階の導関数は，96 頁の結果から

$$f^{(n)}(x) = n!a_n + (n+1)\cdot n\cdots\cdots 2a_{n+1}x + \cdots$$

となる．したがって

$$f^{(n)}(0) = n!a_n$$

となる．すなわち係数 a_n は，逆に '関数' $f(x)$ によって

$$a_n = \frac{f^{(n)}(0)}{n!}$$

と表わされることになる．(2) はしたがって

$$f(x) = f(0) + \frac{f'(0)}{1!}x + \frac{f''(0)}{2!}x^2 + \cdots + \frac{f^{(n)}(0)}{n!}x^n + \cdots$$

となるが，これは原点中心の f のテイラー展開にほかならない．

すなわちベキ級数で表わされる関数は，テイラー展開可能な関数であって，このテイラー展開は収束域の中で収束している．逆にテイラー展開可能な関数は，ベキ級数によって表わされる関数である．

この堂々巡りのようないい方では，何をいおうとしているのかがわかりにくいだろう．この深い意味を知るためには，考察する背景の場を，実数から複素数へと広げていかなくてはならないのだが，ここではそこまで立ち入らない．簡単に次のようにだけいっておこう．

'関数' という抽象的な概念と，'ベキ級数' という具体的な式で与えられた明確な関数表示とは，高階導関数の概念を通して得られるテイラー展開という考えによって，特別な関数の類に対してではあったが，互いに結びつく契機を得たのである．

Tea Time

 $e^{ix} = \cos x + i\sin x$

ベキ級数が収束域の中で関数を定義するという観点に立って，改めて e^x のテイラー展開

$$e^x = 1 + \frac{x}{1!} + \frac{x^2}{2!} + \cdots + \frac{x^n}{n!} + \cdots$$

を眺めてみる．この右辺のベキ級数の収束半径は ∞，すなわち右辺はすべての実数 x で収束している．'眺めてみる' とかいたのは，私たちがここで新たに得た視点は，この式を右辺から左辺へと見ることに対応していることを注意したかったからである．

この視点に従って，右辺のベキ級数が左辺の関数 e^x を定義していると考えてみる．一方，前講の Tea Time で述べたように，このベキ級数は，変数を複素数 z にまで広げてみても，やはり収束している．したがって，この複素数上で定義されたベキ級数は，複素変数の新しい関数 e^z を定義することになる．e^z は実軸上で定義されている指数関数 e^x の，最も自然な複素平面上への拡張である：

$$e^z = 1 + \frac{z}{1!} + \frac{z^2}{2!} + \cdots + \frac{z^n}{n!} + \cdots$$

特に z として純虚数 ix をとってみると

$$\begin{aligned}
e^{ix} &= 1 + \frac{ix}{1!} + \frac{(ix)^2}{2!} + \frac{(ix)^3}{3!} + \cdots + \frac{(ix)^n}{n!} + \cdots \\
&= 1 - \frac{x^2}{2!} + \frac{x^4}{4!} - \cdots + (-1)^n \frac{x^{2n}}{(2n)!} + \cdots \\
&\quad + i\left(x - \frac{x^3}{3!} + \frac{x^5}{5!} - \cdots + (-1)^n \frac{x^{2n+1}}{(2n+1)!} + \cdots\right) \\
&= \cos x + i \sin x
\end{aligned}$$

これをオイラーの公式という．

第 14 講

不 定 積 分

テーマ
- ◆ 積分する：微分することの逆演算
- ◆ 不定積分
- ◆ 積分定数
- ◆ 定義域がいくつかの区間からなるときの積分定数についての注意
- ◆ 不定積分の例
- ◆ 不定積分法の公式――和の公式，部分積分法
- ◆ 置換積分の公式
- ◆ 対数微分と不定積分の公式

不定積分――導関数を求める逆演算

 ある区間で定義された微分可能な関数 $F(x)$ に対して，その導関数を対応させる対応

$$F(x) \longrightarrow F'(x)$$

は，関数 F から新しい関数 F' を生み出す 1 つの演算と見ることができる．たとえば

$$x^2 \longrightarrow 2x$$
$$\frac{1}{x} \longrightarrow -\frac{1}{x^2}$$
$$\sin x \longrightarrow \cos x$$
$$\log x \longrightarrow \frac{1}{x}$$

等々である．しかし，e^x のように，微分してみても見かけ上何も変わらない関数もある．

 与えられた関数 f に対して，この矢印を逆方向にたどる '演算' を，f を積分するという：

$$\boxed{?} \underset{\text{積分する}}{\overset{\text{微分する}}{\rightleftarrows}} f(x)$$

そして $f(x)$ を積分した結果得られた関数 (すなわち上の図式で？に入る関数) を，f の<u>不定積分</u>，または<u>原始関数</u>といい

$$\int f(x)dx$$

という記号で表わす：

$$F(x) = \int f(x)dx \iff F'(x) = f(x)$$

この関係は

$$\left(\int f(x)dx\right)' = f(x)$$

とかいてもよいことを注意しておこう．

たとえば，上にかいた導関数を求める例を逆方向に見ると

$$x^2 = \int 2x\, dx$$

$$\frac{1}{x} = \int -\frac{1}{x^2}dx$$

$$\sin x = \int \cos x\, dx$$

$$\log x = \int \frac{1}{x}dx$$

となる．

積 分 定 数

しかし，実は不定積分の概念を一層明確にするためには，

$$F'(x) = f(x) \tag{1}$$

となる $F(x)$ は，$f(x)$ によってどの程度一意的に決まるのかということを，はっきりさせておかなくてはならない．実際，(1) をみたす $F(x)$ は，f が与えられたとき一通りに決まるというわけにはいかないのである．たとえば $f(x) = 2x$ のとき

102　第14講　不定積分

$$x^2 \xrightarrow{\text{微分する}} 2x$$
$$x^2 + 5 \longrightarrow 2x$$
$$x^2 - 8 \longrightarrow 2x$$

となっている.

そこで微分して同じ $f(x)$ となる 2 つの関数 $F(x)$, $G(x)$ があったとき, F と G の関係はどのようになっているかを調べておかなくてはならない.

$$F'(x) = f(x), \quad G'(x) = f(x)$$

とすると, このとき

$$G'(x) - F'(x) = f(x) - f(x) = 0$$

したがって

$$(G(x) - F(x))' = 0$$

となる.

いま考えている範囲が 1 つの区間 (たとえば $(-\infty, a)$ とか $(a, b]$ など) のときには, 第 8 講で述べたように, これから

$$G(x) - F(x) = C \quad (\text{定数})$$

が結論される (平均値の定理からの帰結！). すなわち, この場合 G と F の違いは, 定数 C の差だけであって

$$\boxed{G(x) = F(x) + C}$$

となる. C を積分定数という.

定義されている区間が離れ離れのとき

ふつうはこの説明で十分なのだが, ここではもう一歩立ち入った説明をすることにする.

それは次の点である. いま関数を考える範囲が 1 つの区間ではなくて, とび離れた 2 つの区間 $[0, 1]$ と $[2, 3]$ からなっているとする. たとえば何かの波形を調べるとき, ある時間, 波が途

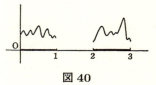

図 40

切れたようになったときには，グラフは図 40 のようになり，関数 f の定義されている範囲は $[0,1]$ と $[2,3]$ である．このような関数 $f(x)$ に対して，不定積分を 1 つ求め，それを $F(x)$ とする：

$$F(x) = \int f(x)dx$$

このとき

$$G(x) = \begin{cases} F(x) + C_1, & x \in [0,1] \\ F(x) + C_2, & x \in [2,3] \end{cases}$$

とおくと，$G'(x) = f(x)$ となって，$G(x)$ もまた $f(x)$ の 1 つの不定積分となることがわかる．ここで C_1, C_2 は異なる定数であってもよい．

すなわち，関数が定義されている範囲が，いくつかの離れ離れの区間からなっているときには，積分定数は，このそれぞれの区間で定数でありさえすればよいのであって，全体を通して一定の定数とする必要はない．

このことを注意した上で，記号の無用の繁雑さを避けるために，$F'(x) = f(x)$ となる $F(x)$ を 1 つとった上で

$$\int f(x)dx = F(x) + C$$

と表わし，これによって，各区間の上では f の不定積分は，定数の差を除いて決まるということを示すことにする．この一般的な場合でも，C をやはり積分定数という．そして言葉で述べるときには，f の不定積分は，積分定数を除いて一意的に決まるという．

不定積分の例

不定積分は微分の逆演算だから，第 9 講で示した具体的な関数に対する導関数の形から，逆に次のような不定積分の公式が導かれることになる．

$$\int x^n dx = \frac{1}{n+1}x^{n+1} + C, \quad n = 0, 1, 2, \ldots$$
$$\int \frac{1}{x^n} dx = \frac{1}{-n+1}\frac{1}{x^{n-1}} + C, \quad n = 2, 3, 4, \ldots$$
$$\int \frac{1}{x} dx = \log|x| + C$$

$$\int \sin x \, dx = -\cos x + C$$
$$\int \cos x \, dx = \sin x + C$$
$$\int \sec^2 x \, dx = \tan x + C$$

$$\int \frac{dx}{\sqrt{1-x^2}} = \sin^{-1} x + C$$
$$\int \frac{dx}{1+x^2} = \tan^{-1} x + C$$

なお，最初の枠の上から3番目の式で，対数の中に絶対値を入れてかいたのは
$$\int \frac{1}{x} dx = \log x + C$$
では，$x>0$ の場合しか適用されず，応用上不便なことが多いからである．$x<0$ のとき $|x|=-x \,(>0)$ であり，このとき
$$(\log |x|)' = (\log(-x))' = \frac{-1}{-x} = \frac{1}{x}$$
となる．したがって3番目の式が成り立つことがわかる．

なお任意の実数 α に対しても，$x>0$ で微分の公式
$$(x^\alpha)' = \alpha x^{\alpha-1} \tag{1}$$
が成り立ち，したがって $\alpha \neq -1$ に対して，公式

$$\int x^\alpha dx = \frac{1}{\alpha+1} x^{\alpha+1} + C$$

が得られる．(1) を示すには，x^α の対数をとって
$$\log x^\alpha = \alpha \log x$$
この両辺を微分して
$$\frac{(x^\alpha)'}{x^\alpha} = \frac{\alpha}{x}$$
したがって $(x^\alpha)' = \alpha x^{\alpha-1}$．

不定積分法の公式

第9講で与えた微分法の公式 (I), (II), (III) から，次の不定積分法の公式 (I)′,

(II)′, (III)′ が得られる.

$$
\begin{aligned}
&\text{(I)}' \quad \int (f(x)+g(x))dx = \int f(x)dx + \int g(x)dx \\
&\text{(II)}' \quad \int \alpha f(x)dx = \alpha \int f(x)dx \\
&\text{(III)}' \quad \int f(x)g'(x)dx = f(x)g(x) - \int f'(x)g(x)dx
\end{aligned}
$$

(III)′ を部分積分の公式という. (III)′ の式で $g'(x) = h(x)$ とおいて, $g(x) = \int h(x)dx$ に注意すると, (III)′ は

$$
\text{(III)}'' \quad \int f(x)h(x)dx = f(x)\left(\int h(x)dx\right) - \int f'(x)\left(\int h(x)dx\right)dx
$$

とかき直すこともできる.

これらの公式を証明するには,左辺,右辺がそれぞれ等しい関数となることを示せばよい.実際,上の公式は積分定数を除いて成り立っている.

たとえば (I)′ の左辺を微分すると

$$\left(\int (f(x)+g(x))dx\right)' = f(x)+g(x)$$

また (I)′ の右辺を微分すると,微分法の公式 (I) によって

$$\left(\int f(x)dx + \int g(x)dx\right)' = \left(\int f(x)dx\right)' + \left(\int g(x)dx\right)'$$
$$= f(x)+g(x)$$

したがって両方とも同じ結果となって, (I)′ が成り立つことがわかる.

置換積分の公式

変数 x が, 微分可能な関数 $x(t)$ によって
$$x = x(t)$$
と表わされていたとする.このとき合成関数の微分の公式から置換積分の公式

$$\int f(x)dx = \int f(x(t))x'(t)dt$$

が成り立つことがわかる．

実際，左辺を $F(x(t)) = \int f(x)dx$ とおいて，t の関数と考えて微分すると

$$\underline{F'(x(t))} \cdot x'(t) = \left(\int f(x)dx\right)' \cdot x'(t) = f(x(t)) \cdot x'(t)$$
x について微分

これは公式の右辺を t で微分したものに等しくなっている．

対数微分と不定積分の公式

$f(x)$ を可微分な関数とすると

$$(\log|f(x)|)' = \frac{f'(x)}{f(x)}$$

となる．これは合成関数の微分則からすぐにわかる．関数 $f(x)$ の対数をとってから，このように微分することを対数微分という．微分法でこの公式が有用となるのは，$\log|f(x)|$ が簡単な式となるときであって，これから逆に $f'(x)$ が

$$f'(x) = f(x) \cdot (\log|f(x)|)'$$

として求められる (第 9 講 Tea Time 参照)．

この公式は，不定積分でも有用であって，対応する不定積分の公式は

$$\int \frac{f'(x)}{f(x)} dx = \log|f(x)| + C$$

となる．

Tea Time

質問 どんな関数 $f(x)$ をとっても，不定積分 $\int f(x)dx$ は存在するのでしょうか．
答 関数というときに，連続関数を考えているとすれば，存在するといえる．すなわち，任意の連続関数 $f(x)$ に対して，$F'(x) = f(x)$ となる関数 $F(x)$——f の不定積分——は必ず存在する．

これはやはり，驚くべき結果だと思われる．何のヒントもなかったら，このような $F(x)$ をどうして見つけるのか見当もつかないだろう．定積分のことを知っている人ならば，$f(x)$ の定義されている区間の中から 1 点 a をとって

$$F(x) = \int_a^x f(x)dx$$

とおけばよいことに気づくだろう (第 21 講参照).

しかし，$f(x)$ が不連続のときには，f の不定積分は存在するときもあるし，存在しないときもある．一般には存在しないといった方がよいだろう．それでは，連続関数の中で微分できるものを微分可能な関数といったように，連続関数と不連続関数の中で，不定積分できるものを総称して不定積分可能な関数といえばよいようであるが，このいい方はあまり使われていない．その理由は，たぶん，不定積分可能な関数をある性質で特定することは非常に難しく，その全体がはっきり捉えにくいからだろうと私は思っている．

第15講

不定積分を求める

テーマ
- ◆ 一般には，不定積分は知っている関数で表わせるとは限らない．
- ◆ 多項式の不定積分
- ◆ 有理関数の不定積分
- ◆ 対数関数の不定積分
- ◆ いくつかの関数の不定積分
- ◆ (Tea Time) 有理関数を部分分数へ分解すること

はじめに

　一般に具体的な形で与えられた関数を，前講で与えた公式を用いて積分しようと思っても，なかなかうまくいかない場合が多い．また，不定積分が，私たちの知っている関数では，どうしてもかき表わせないような場合もある．たとえば

$$\int \frac{dx}{\sqrt{1-x^4}}, \quad \int \frac{1}{\log x} dx, \quad \int e^{x^2} dx$$

などは，私たちの知っている関数——有理関数，三角関数，逆三角関数，指数関数，対数関数など——では，表わせないことが知られている．

　これは微分法とまったく対照的である．微分をするときは，私たちは，どんな難しい形で与えられた関数でも，あまり意に介さずにどんどん微分することができた．そうして得られた導関数は，随分多様な形をした関数を含んでいたが，それでもその中には

$$\frac{1}{\sqrt{1-x^4}} \quad や \quad \frac{1}{\log x} \quad や \quad e^{x^2}$$

などは含まれていなかったのである．そのためこれらの関数の不定積分は具体的な形で表現されないという状況になった．

　したがって，一般的にいえば，関数 $f(x)$ が具体的に与えられたとき，$\int f(x)dx$

を求めよ，といっても，求められるときもあるし，求められないときもあるわけである．もっともここでも厳密にいえば，'求めよ' とはどういう意味かと質問が出るだろう．これもあまりはっきりした定義はないのであるが，私たちの知っている関数でかき表わせ，というくらいの意味でふつう理解しているようである．

不定積分が求められるか，求められないか，一般的な判定条件はないのだから，いくつかの例で，不定積分が求められる場合を知っておくことは有用である．この講では，典型的な例を少し与えておこう．

多項式の不定積分

多項式の不定積分は簡単にできる．実際
$$\int \left(a_0 x^n + a_1 x^{n-1} + a_2 x^{n-2} + \cdots + a_n\right) dx$$
$$= \frac{a_0}{n+1} x^{n+1} + \frac{a_1}{n} x^n + \frac{a_2}{n-1} x^{n-1} + \cdots + a_n x + C$$

基本的な形をした有理関数の不定積分

多項式の次には，有理関数の不定積分が求められるかどうかが問題となる．結論からいえば，有理関数の不定積分は求められる．それを示すためには，次の2つの形の不定積分を求めておくことが必要になる．

(A) $\quad \int \frac{1}{(x-a)^l} dx \qquad (l = 1, 2, \ldots)$

(B) $\quad \int \frac{px + q}{\{(x-b)^2 + c^2\}^m} dx$

(A) の不定積分はすぐに求められて

$$\int \frac{dx}{(x-a)^l} = \begin{cases} \log|x-a| + C, & l = 1 \\ \dfrac{1}{1-l} \dfrac{1}{(x-a)^{l-1}} + C, & l > 1 \end{cases}$$

となる．問題は (B) を求めることにある．そのため，(B) の積分記号の中にある式を次のように，2つの式の和に分ける：

$$\frac{px + q}{\{(x-b)^2 + c^2\}^m} = \frac{p(x-b)}{\{(x-b)^2 + c^2\}^m} + (pb + q) \cdot \frac{1}{\{(x-b)^2 + c^2\}^m}$$

したがって
$$I_m = \int \frac{x-b}{\{(x-b)^2+c^2\}^m}dx,$$
$$J_m = \int \frac{1}{\{(x-b)^2+c^2\}^m}dx$$
とすると, I_m, J_m をどのように求めていくかがわかるとよい．簡単のため, $t = x-b$ と変数変換しておく．このとき

$$I_1 = \int \frac{t}{t^2+c^2}dt = \frac{1}{2}\log(t^2+c^2) + C$$
$$I_m = \int \frac{t}{(t^2+c^2)^m}dt = \frac{1}{2}\frac{1}{1-m}\frac{1}{(t^2+c^2)^{m-1}} + C, \quad m > 1 \qquad (1)$$

となって, I_m ($m = 1, 2, \ldots$) は求められた．

　一方
$$J_1 = \int \frac{1}{t^2+c^2}dt = \frac{1}{c}\tan^{-1}\frac{t}{c} + C$$
$m > 1$ のとき
$$J_m = \int \frac{1}{(t^2+c^2)^m}dt = \frac{1}{c^2}\int \frac{(t^2+c^2)-t^2}{(t^2+c^2)^m}dt$$
$$= \frac{1}{c^2}\left\{\int \frac{1}{(t^2+c^2)^{m-1}}dt - \int \frac{t^2}{(t^2+c^2)^m}dt\right\}$$

ここで $\{\ \}$ の中の第 1 項は J_{m-1} であり，また第 2 項は，部分積分の公式と (1) の結果から

$$\int \frac{t^2}{(t^2+c^2)^m}dt = \int t \cdot \frac{t}{(t^2+c^2)^m}dt$$
$$= t \cdot \frac{1}{2}\frac{1}{1-m}\frac{1}{(t^2+c^2)^{m-1}} - \frac{1}{2}\frac{1}{1-m}\int \frac{dt}{(t^2+c^2)^{m-1}}$$
$$= \frac{t}{(2-2m)(t^2+c^2)^{m-1}} - \frac{1}{2-2m}J_{m-1}$$

となる．

　したがって，式を整頓してまとめると
$$J_m = \frac{1}{c^2}\left\{\frac{t}{(2m-2)(t^2+c^2)^{m-1}} + \frac{2m-3}{2m-2}J_{m-1}\right\}$$

この最後の式を見ると，J_{m-1} がわかると J_m がわかるという結果になってい

る．一方，J_1 は既に知っている．したがって，たとえば J_3 を求めるには次のようにする．上の式で $m=2$ とおくと

$$J_2 = \frac{1}{c^2}\left\{\frac{t}{2(t^2+c^2)} + \frac{1}{2}\frac{1}{c}\tan^{-1}\frac{t}{c}\right\} + C$$

次に $m=3$ とおいて，この J_2 の形を用いると

$$J_3 = \frac{1}{c^2}\left[\frac{t}{4}\frac{1}{(t^2+c^2)^2} + \frac{3}{4}\frac{1}{c^2}\left\{\frac{t}{2(t^2+c^2)} + \frac{1}{2}\frac{1}{c}\tan^{-1}\frac{t}{c}\right\}\right] + C$$

となって，これで J_3 が求められた．この結果を用いて，今度は J_4 がわかるだろう．このようにして帰納的に，J_m を求めることができる．そうはいっても，それは理屈の上のことであって，現実には，$m=8$ くらいになれば，J_m は長い複雑な式となり，正確にかくことなど嫌になるだろう．

有理関数の不定積分

有理関数

$$f(x) = \frac{P(x)}{Q(x)} \quad (P, Q \text{ は多項式})$$

は，必ず多項式と

$$\frac{A}{(x-a)^l}$$

の形の式と

$$\frac{px+q}{\{(x-b)^2+c^2\}^m}$$

の形の式の和で表わされることが知られている (Tea Time 参照)．したがって，上の結果から，有理関数の不定積分を求めることができる．

対数関数の不定積分

一般に，公式

$$\boxed{\int f(x)dx = xf(x) - \int xf'(x)dx}$$

が成り立つ．この式は，$f(x) = 1 \cdot f(x)$ と考えて，部分積分の公式を適用すると

わかる．特に $f(x) = \log x$ とおくと
$$\int \log x \, dx = x \log x - \int x \cdot \frac{1}{x} dx$$
$$= x \log x - x + C$$

上の公式は $\sin^{-1} x$ の不定積分を求めるときにも用いられる：
$$\int \sin^{-1} x \, dx = x \sin^{-1} x - \int \frac{x}{\sqrt{1-x^2}} dx$$
$$= x \sin^{-1} x + \sqrt{1-x^2} + C$$

いくつかの関数の不定積分

いくつかの応用上もよく現われる関数の不定積分を，かき並べておこう．これらは，結果を知っていれば，もちろん下の式で右辺を微分して，左辺の積分記号の中にある関数になることさえ確かめればよいのである．しかし，左辺からどのような工夫で右辺を求めたか，ということになると話は別である．解析学の教科書では，この部分を詳しく述べることが1つのテーマとなるのであるが，ここでは省略する．単に公式集のように結果だけを列記することにする．

$$\int \frac{dx}{1-x^2} = \frac{1}{2} \log \left| \frac{1+x}{1-x} \right| + C$$

$$\int \frac{dx}{x^2-1} = \frac{1}{2} \log \left| \frac{x-1}{x+1} \right| + C$$

$$\int \frac{dx}{\sqrt{x^2-1}} = \log \left| x + \sqrt{x^2-1} \right| + C$$

$$\int \frac{dx}{\sqrt{x^2+1}} = \log \left| x + \sqrt{x^2+1} \right| + C$$

$$\int \sqrt{1-x^2} \, dx = \frac{1}{2} \left(x\sqrt{1-x^2} + \sin^{-1} x \right) + C$$

$$\int \sqrt{x^2-1} \, dx = \frac{1}{2} \left(x\sqrt{x^2-1} - \log \left| x + \sqrt{x^2-1} \right| \right) + C$$

$$\int \sqrt{x^2+1} \, dx = \frac{1}{2} \left(x\sqrt{x^2+1} + \log \left(x + \sqrt{x^2+1} \right) \right) + C$$

Tea Time

 有理関数を部分分数へ展開すること

有理関数を，多項式と，$\frac{A}{(x-a)^l}$ の形の式と，$\frac{px+q}{\{(x-a)^2+b^2\}^m}$ の形の式の和として表わすことを，部分分数へ分解するという．この一般論を展開することはわずらわしいので，簡単な例でどのようなことかを述べてみよう．

いま
$$f(x) = \frac{x^5 - x^4 - x^3 + 2x^2 + x + 1}{x^3 - x^2 - x + 1}$$
という有理関数を考える．分子は5次式で，分母は3次式だから，割り算することができて
$$f(x) = x^2 + \frac{x^2 + x + 1}{x^3 - x^2 - x + 1}$$
となる．このように有理関数は，いつでも多項式と，分子の次数が分母の次数より小さい有理関数の和として表わせる．

次に，右辺の2項目に現われた有理関数を考察する．
$$\frac{x^2+x+1}{x^3-x^2-x+1} = \frac{x^2+x+1}{(x-1)^2(x+1)}$$
$$= \frac{A}{x-1} + \frac{B}{(x-1)^2} + \frac{C}{x+1}$$
とおくと，未定係数法(分母をはらって，両辺の多項式の係数を比較する)から
$$A = \frac{3}{4}, \quad B = \frac{3}{2}, \quad C = \frac{1}{4}$$
となることがわかり，結局 $f(x)$ は
$$f(x) = x^2 + \frac{3}{4}\frac{1}{x-1} + \frac{3}{2}\frac{1}{(x-1)^2} + \frac{1}{4}\frac{1}{x+1}$$
と部分分数に分解される．この場合，$f(x)$ の不定積分を求めるには (A) が適用される．

もし，$f(x)$ の分母の式を少し変えて
$$g(x) = \frac{x^5 - x^4 - x^3 + 2x^2 + x + 1}{x^3 + x^2 + x + 1}$$
とすると，上と同じ手続きで

$$g(x) = x^2 - 2x + \frac{3x^2 + 3x + 1}{x^3 + x^2 + x + 1}$$
$$= x^2 - 2x + \frac{3x^2 + 3x + 1}{(x+1)(x^2+1)}$$

このとき，分母はこれ以上，因数分解されない (正確にいえば，実数の範囲ではこれ以上因数分解されない)．これから，再び未定係数法を用いて，$g(x)$ が

$$g(x) = x^2 - 2x + \frac{1}{2}\frac{1}{x+1} + \frac{1}{2}\frac{5x+1}{x^2+1}$$

と部分分数に分解される．このようなときには，部分分数分解した結果の式の分母に，判別式が負である 2 次式，したがって $(x-a)^2 + b^2$ と表わされる 2 次式が登場する．一般にはこのような 2 次式のベキが現われてくる．このとき分子は 1 次式であって，このような不定積分を求めることが，(B) に対応することになる．

第16講

不定積分から微分方程式へ

テーマ

◆ 微分する記号：$\dfrac{d}{dx}$

◆ 微分方程式 $\dfrac{dy}{dx} = f(x)$ の解は $y = \int f(x)dx + C$

◆ 微分方程式 $\dfrac{d^n y}{dx^n} = f(x)$ の一般解と特殊解

◆ 微分方程式 $\dfrac{dy}{dx} + y = f(x)$ の一般解

　不定積分については，第14講 Tea Time で触れた重要な結果'連続な関数 $f(x)$ に対して $\int f(x)dx$ は存在する'をまだ示していない．しかし講義の流れからいって，これは第20講以下で述べることにして，いまはこの結果を仮定して話を進めることにする．

微分の記号

　関数 $f(x)$ に導関数 $f'(x)$ を対応させる対応は，微分可能な関数の集りから，関数の集りの中への写像と見ることができる．'微分する'ということを，このように関数から関数への写像と見るときには，この対応を，記号

$$\dfrac{d}{dx}$$

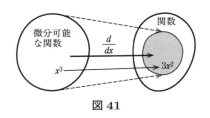

図 41

を用いて表わす方が慣用であるし，また便利なこともある．$\dfrac{d}{dx}$ は微分作用素とよばれているものの中で，最も基本的なものである．

すなわち
$$\frac{df}{dx} = f'(x)$$
である．f の 2 階導関数 f'' を考えることは，
$$f \xrightarrow{\frac{d}{dx}} f' \xrightarrow{\frac{d}{dx}} f''$$
によって，'微分する' 写像 $\frac{d}{dx}$ を二度繰り返したもの (合成写像！) と見ることができる．
$$\frac{d}{dx}\left(\frac{d}{dx}f\right) = f''$$
この左辺を $\frac{d^2 f}{dx^2}$ で表わす．f の 3 階の導関数 f''' は，f に $\frac{d}{dx}$ を三度繰り返して適用したものであり，
$$\frac{d^3 f}{dx^3}(=f''')$$
という記法で表わされる．一般に，f の n 階の導関数 $f^{(n)}$ は
$$\frac{d^n f}{dx^n}$$
と表わされる．

高階微分の逆演算

　(D_1)：関数 $f(x)$ が与えられたとき，微分して $f(x)$ となるような関数 $y(x)$，すなわち
$$\frac{dy}{dx} = f(x)$$
をみたす関数は，不定積分

$$\int f(x)dx + C$$

で与えられた．これは不定積分の定義そのものである．
　(D_2)：それでは
$$\frac{d^2 y}{dx^2} = f(x) \tag{1}$$

をみたすような関数 y は，どのように表わされるであろうか．これは (1) を
$$\frac{d}{dx}\left(\frac{dy}{dx}\right) = f(x)$$
と考えると，(D_1) を適用することができる：
$$\frac{dy}{dx} = \int f(x)dx + C$$
ここにもう一度 (D_1) を適用すると
$$y = \int \left(\int f(x)dx + C\right) dx + C_1$$
すなわち

$$y = \int \left(\int f(x)dx\right) dx + Cx + C_1$$

(D_3)：
$$\frac{d^3 y}{dx^3} = f(x)$$
をみたす y は，
$$\frac{d^2}{dx^2}\left(\frac{dy}{dx}\right) = f(x)$$
に，$(D_2), (D_1)$ を順次適用すると
$$y = \int \left(\int \left(\int f(x)dx\right) dx + Cx + C_1\right) dx + C_2$$
すなわち，不定積分を 3 回繰り返すことを dx を 1 つだけにして略記すると

$$y = \iiint f(x)dx + \frac{1}{2}Cx^2 + C_1 x + C_2$$

と表わされることがわかる．ここで $\frac{1}{2}C$ を改めて C とかくと，結局
$$y = \iiint f(x)dx + Cx^2 + C_1 x + C_2$$
となる．

(D_n)：一般に
$$\frac{d^n y}{dx^n} = f(x)$$
をみたす y は，不定積分を n 回繰り返すことを同じように略記すると

$$y = \iint \cdots \int f(x)dx + Cx^{n-1} + C_1 x^{n-2} + \cdots + C_{n-2}x + C_{n-1} \quad (2)$$

と表わされる．ここで $C, C_1, \ldots, C_{n-1}$ は積分定数である．

【例】 $\dfrac{d^4 y}{dx^4} = x + \sin x$

をみたす y を求めてみよう．

$$\begin{aligned}
y &= \iiiint (x + \sin x) dx \\
&= \iiint \left(\frac{1}{2}x^2 - \cos x + C\right) dx \\
&= \iint \left(\frac{1}{6}x^3 - \sin x + Cx + C_1\right) dx \\
&= \int \left(\frac{1}{24}x^4 + \cos x + \frac{1}{2}Cx^2 + C_1 x + C_2\right) dx \\
&= \frac{1}{120}x^5 + \sin x + \frac{1}{6}Cx^3 + \frac{1}{2}C_1 x^2 + C_2 x + C_3 \quad (3)
\end{aligned}$$

(ここで $\frac{1}{6}C, \frac{1}{2}C_1$ を改めて C, C_1 とおくと，上に与えた (2) の形となっている)

一　般　解

いま考察した

$$\frac{d^n y}{dx^n} = f(x) \quad (4)$$

という式は，与えられた関数 $f(x)$ に対して，この関係をみたす未知関数 y を求めるという意味で，1 つの方程式の形をしている．もちろん，方程式といっても 2 次方程式，たとえば

$$x^2 + 3x - 5 = 10$$

の場合には，求めたい x は実数，または複素数であったが，(4) の場合には，求めたい y は関数となっている．(4) の形の式は，n 階の微分方程式とよばれるものの中で最も簡単なものとなっている．

　微分方程式については，これからおいおい述べていくつもりであるが，(4) の解 y を与える (2) の式の右辺に n 個の任意定数 $C, C_1, \ldots, C_{n-1}$ が入っているこ

とに注意する必要がある．この $C, C_1, \ldots, C_{n-1}$ にいろいろな数値を代入することにより，いろいろな形をした y が得られるのであるが，それらはすべて (4) の解となっている．

たとえばすぐ上の例で，(3) の解で特に $C = C_1 = C_2 = C_3 = 0$ とおくと

$$y = \frac{1}{120}x^5 + \sin x \tag{5}$$

となり，また $C = 6$, $C_1 = 0$, $C_2 = -1$, $C_3 = 0$ とおくと

$$y = \frac{1}{120}x^5 + \sin x + x^3 - x \tag{5'}$$

となる．これらはともに $\frac{d^4 y}{dx^4} = x + \sin x$ の解となっている．

(5), (5') のように任意定数 C, C_1, C_2, C_3 に適当な数値を代入して得られる解を特殊解という．それに対して (3) のように，任意定数を含む形でかかれた解を一般解という．

このような用語を用いることにすれば，(4) の一般解は，(2) で与えられているということになる．なお，(D_1) から帰納的に (D_n) を導いた上の道筋をたどってみるとわかるように，(4) の解は，(2) の形に表わされているものに限るのである．

もう少し進める

不定積分から微分方程式へと少しずつ観点が移ってきたが，そうすると当然次のような問題が生じてくる．

関数 $f(x)$ が与えられたとき

$$\frac{dy}{dx} + y = f(x) \tag{6}$$

をみたすような y の一般形を求めることができるか？

ところが今度は，不定積分を使って，すぐに答をかくというわけにはいかなくなる．左辺に y が加えられていることが (D_1) の適用を妨げるのである．

ここで 2 次方程式について，簡単な例を思い出しておこう．$x^2 = 4$ は，平方根をとることによってすぐに解けて $x = \pm 2$ となる．しかし，$x^2 + x = 4$ になると，このようにすぐには解けなくなる．このとき，未知数 x の代りに，新しい未知数 X を

第 16 講 不定積分から微分方程式へ

$$X = x + \frac{1}{2}$$

で導入する．そうすると $x = X - \frac{1}{2}$ だから，代入して X についての方程式 $\left(X - \frac{1}{2}\right)^2 + \left(X - \frac{1}{2}\right) = 4$ が得られる．整頓して $X^2 = 4 + \frac{1}{4} = \frac{17}{4}$ となる．今度は平方根をとることができて $X = \pm\frac{\sqrt{17}}{2}$，したがって $x = -\frac{1}{2} \pm \frac{\sqrt{17}}{2}$ が得られた．

これと同じような考えで，$u(x)$ という 0 でない関数をとって，未知関数 $y(x)$ を，新しい未知関数

$$\tilde{y}(x) = u(x)y(x)$$

に代えたときに，(6) が

$$\frac{d\tilde{y}}{dx} = u(x)f(x) \tag{7}$$

という形になって，(D$_1$) が適用できるようにしたい．それには u をどのようにとったらよいだろうか（このような u を探すことは上の 2 次方程式の例では，一般の平行移動 $X = x + a$ の中で，特に $a = \frac{1}{2}$ を見つけると，万事うまくいくことに対応している！）．

さて，

$$\frac{d\tilde{y}}{dx} = u(x)\frac{dy}{dx} + \frac{du}{dx}y$$

したがって，u が

$$u = \frac{du}{dx} \tag{8}$$

をみたしていると，(6) は

$$\frac{d\tilde{y}}{dx} = u\left(\frac{dy}{dx} + y\right) = uf$$

となって (7) の形となる．

(8) が成り立つ関数として $u(x) = e^x$ がある．したがって，結局

$$\tilde{y} = e^x y$$

とすると

$$\frac{d\tilde{y}}{dx} = e^x f(x)$$

となり，$\tilde{y}$ に対しては，(D$_1$) が適用できることがわかった．実際適用すると
$$\tilde{y} = \int e^x f(x)dx + C$$
したがって，(7) を用いて $\tilde{y}$ を y にかき換えると

$$y = e^{-x}\left(\int e^x f(x)dx + C\right)$$

となって，(6) の一般解が求められた．

問 1 $\dfrac{d^2y}{dx^2} + \dfrac{dy}{dx} = f(x)$ の一般解を求めよ．

Tea Time

微分方程式と力学

微分・積分は，1680 年頃に，ニュートンとライプニッツによって創始されてから，短い期間に驚くほどの発展と，理論の深化を示したが，その起動力となったのは，微分方程式を解くことによって，力学のさまざまな現象が解明できるという発見にあった．この物理現象の数学的な表現という基盤の上に，種々の解析学の分野が登場してきて，その実効性が確認されるということになったのである．

力学と微分方程式との基本的な関わり合いは，運動量の変化は，加えられた力に比例するという，ニュートン力学の基本法則が，微分方程式
$$m\frac{d^2x}{dt^2} = f$$
によって表わされるということにある (空間での質点の運動を考えるときは，x も f も，3 次元のベクトルとなる)．たとえば万有引力の法則から惑星の軌道を定めるときには，極座標 (r, θ) を用いて
$$r^2\frac{d\theta}{dt} = h$$
$$\frac{1}{2}\left\{\left(\frac{dr}{dt}\right)^2 + r^2\left(\frac{d\theta}{dt}\right)^2\right\} - \frac{kM}{r} = \frac{E}{m}$$
の形の微分方程式を解くことになる．ここで E, h, k, M, m などは，物理的な意味

をもつある定数である．たとえば k は万有引力の定数，M は太陽の質量，m は惑星の質量を表わしている．

質問 微分方程式の解を1つ求めるのに，初期値を決めなければいけないということを聞いたことがありますが，それはここでの話では，一般解の中に含まれる積分定数の値をきちっと決めるために必要なのだと考えてよいのでしょうか．

答 その通りである．いま，考えている x の範囲の中に，$x=0$ が含まれているとしよう．たとえば $\frac{dy}{dx} = \sin x$ の一般解 $-\cos x + C$ の中には，任意定数として積分定数 C が含まれているが，$x=0$ における y の値を指定して

$$\frac{dy}{dx} = \sin x, \quad y(0) = 1$$

とすると，解は $y = -\cos x + 2$ として一意的に決まる．この場合，$y(0) = 1$ が，$x=0$ における初期値を与えたことになっている．別の初期値 $y(0) = \sqrt{2}$ をとると，解は $y = -\cos x + \sqrt{2} + 1$ となる．

一般の場合，$\frac{d^n y}{dx^n} = f(x)$ のようなときには，一般解 (2) は n 個の任意定数 $C, C_1, \ldots, C_{n-1}$ を含んでいる．したがって，この微分方程式の1つの解を見出すためには，n 個の初期値が必要となる．このような初期値の与え方はいろいろあるが，最も自然なのは

$$y(0), \ y'(0), \ y''(0), \ \ldots, \ y^{(n-1)}(0)$$

の値を1つ指定することである．いずれにしても，初期値として指定するものは $x=0$ における $(n-1)$ 階までの導関数の値が本質的に入用となってくる．

第17講

線形微分方程式

テーマ
- ◆ 1階線形微分方程式とその解
- ◆ 線形性ということ
- ◆ 線形な微分作用素の例：$\dfrac{d}{dx} + P(x)$
- ◆ 2階線形微分方程式
- ◆ n階線形微分方程式の定義
- ◆ (挿記) 変数分離型

1階線形微分方程式

前講の話を続けよう．まず $P(x)$, $Q(x)$ は与えられた関数として

$$\frac{dy}{dx} + P(x)y = Q(x) \tag{1}$$

という形の微分方程式を考えてみよう．これは，前講の微分方程式 (6) と見比べてみると，左辺の2項目が y の代りに $P(x)y$ となったから，微分方程式としてはそれだけ難しくなっている．

問題は，$P(x)$ と $Q(x)$ が具体的に与えられたとき，(1) をみたす未知関数 y を，不定積分を用いて表わすことができるかということである．

ここでも y に何か適当な関数 $u(x)$ をかけて

$$\tilde{y}(x) = u(x)y(x)$$

と変換して，$\tilde{y}$ に関して (1) の左辺が $\dfrac{d\tilde{y}}{dx}$ の形となるようにしたい．そうはいっても，そのような u が (たとえあるとしても) すぐに見つかるというものでもないだろう．ここは答を先にかいた方がよい：

$$u(x) = e^{\int P dx}$$

とおくのである．実際 (1) の両辺に $e^{\int P dx}$ をかけると

$$e^{\int Pdx}\frac{dy}{dx} + e^{\int Pdx}Py = e^{\int Pdx}Q \tag{2}$$

となるが，$\left(e^{\int Pdx}\right)' = e^{\int Pdx} \cdot \left(\int Pdx\right)' = e^{\int Pdx}P$ に注意すると，(2) の左辺は

$$\frac{d}{dx}\left(e^{\int Pdx}y\right)$$

に等しいことがわかる．すなわち $\tilde{y} = e^{\int Pdx}y$ について (2) は $\tilde{y}$ を微分した形となっているのである．したがって，(2) の両辺を不定積分して

$$e^{\int Pdx}y = \int e^{\int Pdx}Q\,dx + C$$

となり，両辺に $e^{-\int Pdx}$ をかけて

$$\boxed{y = e^{-\int Pdx}\left(\int e^{\int Pdx}Qdx + C\right) \tag{3}}$$

が得られた．

このようにして，微分方程式 (1) が '解けた' のである．

【例】 $\dfrac{dy}{dx} + xy = x$

このとき $P(x) = x$，したがって $e^{\int Pdx} = e^{\frac{1}{2}x^2}$．ゆえに (3) の解は，いまの場合

$$\begin{aligned}
y &= e^{-\frac{1}{2}x^2}\left(\int e^{\frac{1}{2}x^2} \cdot x\,dx + C\right) \\
&= e^{-\frac{1}{2}x^2}\left(e^{\frac{1}{2}x^2} + C\right) \\
&= Ce^{-\frac{1}{2}x^2} + 1
\end{aligned}$$

となる．

注意 読者はこの場合で，$\int Pdx$ として $\frac{1}{2}x^2 + C'$（C' は積分定数）としても解は変わらないことを確かめておくとよい．

微分方程式 (1) の一般解は，このようにして (3) の形で表わされることがわかったが，$P(x)$, $Q(x)$ が簡単な形をしていても，(3) の右辺の不定積分を求めることは一般には難しくて，解が私たちのよく知っている関数として表わされることは，むしろ稀なのである．

そうしたことを知った上で改めて次の定義をおく．

【定義】
$$\frac{dy}{dx} + P(x)y = Q(x) \tag{1}$$
の形の微分方程式を 1 階の<u>線形微分方程式</u>という．

線形性ということについて

　線形微分方程式と名づけた，この線形という言葉の意味を明らかにしなくてはならないだろう．

　微分するという'演算'を $\frac{d}{dx}$ で表わしたように，関数 $P(x)$ が与えられたとき，(1) の左辺に注目して，1 つの'演算'記号として
$$L = \frac{d}{dx} + P(x)$$
とおく．L は関数 $y(x)$ に対して $\frac{dy}{dx}(x) + P(x)y(x)$ を対応させる対応であって，このことを記号で
$$L(y) = \frac{dy}{dx} + Py$$
と表わす．$L(y)$ という記号は，よく知っている関数記号 $f(x)$ のアナロジーと考えるとよい．このアナロジーをたどると，$f(x)$ における'変数' x は $L(y)$ では'変関数' y に変わっているといってよい (変関数という妙な言葉はもちろんここだけのもので，一般に使われているものではない)．すなわち，$L(y)$ の中の y はいろいろな関数をとりうるのである．たとえば
$$L(x^3) = 3x^2 + P \cdot x^3$$
$$L(\sin x) = \cos x + P \cdot \sin x$$

　L は，<u>微分作用素</u>とよばれるものの 1 つの例となっている．L は次の意味で<u>線形性</u>をもっている．

---
　　i)　$L(\alpha y) = \alpha L(y)$ 　α は定数
　　ii)　$L(y_1 + y_2) = L(y_1) + L(y_2)$

たとえば ii) は次のようにして示される：
$$L(y_1 + y_2) = \frac{d(y_1 + y_2)}{dx} + P \cdot (y_1 + y_2)$$

$$= \frac{dy_1}{dx} + \frac{dy_2}{dx} + Py_1 + Py_2$$
$$= \frac{dy_1}{dx} + Py_1 + \frac{dy_2}{dx} + Py_2$$
$$= L(y_1) + L(y_2)$$

　i) と ii) で示される性質は，単に微分作用素だけではなく，広く写像や作用素の性質として述べられるものであって，現代数学の中の最も基本的な概念 '線形性' の内容を与えている．

　線形性からの 1 つの帰結として，次のことが成り立つ．

> y_1 と y_2 が $L(y_1) = L(y_2) = 0$ をみたせば，$\alpha y_1 + \beta y_2$（α, β は定数）もまた $L(\alpha y_1 + \beta y_2) = 0$ をみたす．

これは L の線形性によって，$L(\alpha y_1 + \beta y_2) = \alpha L(y_1) + \beta L(y_2) = 0$ となることから明らかである．もちろん，解の形 (3) からも直接にわかる．$L(y) = 0$ は (1) で $Q = 0$ の場合である．したがって (3) から，$L(y) = 0$ をみたす y の一般の形は

$$y = Ce^{-\int P dx} \tag{4}$$

となる．$y_1 = C_1 e^{-\int P dx}$，$y_2 = C_2 e^{-\int P dx}$ とおくと，$\alpha y_1 + \beta y_2 = (\alpha C_1 + \beta C_2) e^{-\int P dx}$ となり，やはり (4) の形となって，$L(y) = 0$ の解となっている．

2 階線形微分方程式

　1 階線形微分方程式のごく自然な拡張として

$$\frac{d^2 y}{dx^2} + P(x)\frac{dy}{dx} + Q(x)y = R(x) \tag{5}$$

という形の微分方程式を考えることができる．この形の微分方程式を 2 階線形微分方程式という．2 階というのは，未知関数 y に関して 2 階の導関数を含むからであり，線形というのは，

$$\tilde{L}(y) = \frac{d^2 y}{dx^2} + P(x)\frac{dy}{dx} + Q(x)y$$

とおくと，微分作用素 $\tilde{L}$ がやはり線形性 i) と ii) をみたしているからである．

そこで誰でも，1階の線形微分方程式 (1) に対して，'解の公式' (3) があったように，2階の線形微分方程式 (5) に対しても，'解の公式' があるだろうと予想し，それを求めるにはどうしたらよいか考えてみたくなる．

ところが，(3) に対応するような，(5) に対する '解の公式' は存在しないことが知られている．それどころではなくて，(5) で $R(x) = 0$ の場合，すなわち $\tilde{L}(y) = 0$ の場合でさえ，これをみたす y を，P と Q を用いて (3) のように不定積分でかき表わす一般的な方法はないのである．実際これは不思議なことであるが，ピカール・ヴェショの理論という深い理論を用いて，'解の公式' が存在しないことを証明することができる．

n 階線形微分方程式

一般に

$$\frac{d^n y}{dx^n} + P_1(x)\frac{d^{n-1}y}{dx^{n-1}} + P_2(x)\frac{d^{n-2}y}{dx^{n-2}} + \cdots + P_n(x)y = R(x) \tag{6}$$

という形の微分方程式を，<u>n 階の線形微分方程式</u>という．これについては，係数 $P_1(x),\ldots,P_n(x)$ が定数の場合について，次の講でもう少し述べることにする．

変数分離型 (挿記)

これは線形ではないが，'解ける' 微分方程式の中で最も典型的なものなので，ここに記しておこう．<u>変数分離型</u>というのは

$$\frac{dy}{dx} = P(x)Q(y) \tag{7}$$

の形をした微分方程式のことである．

これは，$Q(y) \neq 0$ となるところで，次のように解くことができる．(7) をかき直して

$$\frac{1}{Q(y)}\frac{dy}{dx} = P(x)$$

とし，この両辺を x について不定積分する (y はこの関係によって規定された x の関数と考えている)．

$$\int \frac{1}{Q(y)} \frac{dy}{dx} dx = \int P(x)dx + C$$

置換積分の公式から，この左辺は

$$\int \frac{1}{Q(y)} dy$$

に等しい．したがって

$$\boxed{\int \frac{1}{Q(y)} dy = \int P(x)dx + C}$$

となって，具体的な問題では，この両辺を計算することによって，x と y の関係が得られる．

【例】 $\dfrac{dy}{dx} = (x + \cos x)y$ を解いてみよう．

$$\int \frac{1}{y} dy = \int (x + \cos x)dx$$

$$\log|y| = \frac{1}{2}x^2 + \sin x + C$$

したがって

$$|y| = \exp\left(\frac{1}{2}x^2 + \sin x + C\right)$$

$$= C' \exp\left(\frac{1}{2}x^2 + \sin x\right) \quad (C' = \exp C)$$

ここで exp とかいたのは，指数関数 exponential function の最初の 3 字であって，$\exp x = e^x$ のことである．e の肩にのる指数が上のように複雑になってくるときには，exp の記号を使うとよい．

Tea Time

質問 2 階の線形微分方程式がもう一般には '解の公式' がないということにびっくりしました．このピカール・ヴェシオの理論というものはどんなものなのですか．

答 私も深く学んだことがないので，詳しいことは述べられない．ごく常識的なことだけを述べておこう．1820年代にアーベルとガロアによって，5次以上の代数方程式は'解の公式'が存在しないということが示されたが，このとき展開されたガロアの考えは，19世紀後半になって，はじめて広く数学者の前に示されることになった．ガロアの考えは現在では，ガロア理論として代数学における基本的な理論となるに至ったが，根底にあった最もプリミティブな考えは，解と係数の関係に見られるような，解の置換は，係数を不変に保っているということである．ここに置換群と不変式という考えが入ってくる．

1880年代を過ぎてから，ピカールとヴェシオは，係数が有理関数のときの線形微分方程式に対してガロア理論と類似の理論が存在するのではないかと研究を始めたのである．n階の線形微分方程式にも基本解とよばれるn個の解があって，この解に対して，方程式のときのように，ある意味での解と係数の関係が成り立つのである．ただ，背景にある群は，方程式のときのように置換群ではなくて，代数群とよばれる連続群となり，その取扱いは非常に難しくなる．この代数群と微分方程式との関係は数学の中でもかなり特殊な専門的な分野に属する研究となる．'解ける'とはどういうことかも，ここで正確に述べるのは難しい．読者は，そのような理論があるということを，知っているだけで十分であろう．

第18講

定数係数の線形微分方程式

テーマ
- ◆ 斉次の定数係数線形微分方程式
- ◆ 斉次の線形微分方程式の解はベクトル空間をつくる.
- ◆ 定数係数の微分作用素についての注意
- ◆ 斉次の定数係数線形微分方程式の解法
- ◆ 一般解と特殊解

斉次の定数係数線形微分方程式

一般の線形微分方程式では'解の公式'を求めることは不可能であるといってよいのだが, 係数が特に定数のとき, すなわち

$$\frac{d^n y}{dx^n} + a_1 \frac{d^{n-1} y}{dx^{n-1}} + a_2 \frac{d^{n-2} y}{dx^{n-2}} + \cdots + a_n y = 0 \tag{1}$$

($a_1, a_2, \ldots, a_n$ は定数) の形の線形微分方程式の解は, 比較的簡単に求めることができる.

(1) は, 前講で述べた n 階の線形微分方程式の一般的な形 (6) と見比べてみると, 係数が関数 $P_1(x), \ldots, P_n(x)$ から定数 $a_1, \ldots, a_n$ になっている. その意味で (1) は n 階の定数係数の線形微分方程式という.

また, 前講の (6) で, 右辺が $R(x)$ となっているところが, ここでは 0 とおかれている. 線形微分方程式 (6) で, $R(x) = 0$ の場合を, 特に斉次の場合であるという. 斉次の場合には, 前講でも少し触れたように, 解の全体はベクトル空間をつくるのである. このことを (1) の場合にもう一度, はっきりとした形で述べておこう.

そのため, あとでの説明と記法の有用さも考えて, まず

$$D = \frac{d}{dx}$$

とおき，(1) の左辺の定義する微分作用素を
$$L = D^n + a_1 D^{n-1} + a_2 D^{n-2} + \cdots + a_{n-1} D + a_n \tag{2}$$
と表わす．もちろん
$$D^n = \frac{d^n}{dx^n}, \quad D^{n-1} = \frac{d^{n-1}}{dx^{n-1}}, \quad \cdots$$
である．

このとき (1) は簡単に
$$L(y) = 0$$
と表わされる．このとき，L の線形性から，y_1, y_2 がともに $L(y_1) = 0, L(y_2) = 0$ をみたしているならば，任意の定数 α, β に対して $L(\alpha y_1 + \beta y_2) = \alpha L(y_1) + \beta L(y_2) = 0$ が成り立つ．

一般に関数の集合が与えられたとき，y_1, y_2 がこの集合に属していれば，$\alpha y_1 + \beta y_2$ もまたこの集合に属するというとき，代数学の言葉を借用して，この集合はベクトル空間をつくるという．正確には，定数 α, β のとる値の範囲を複素数まで許すときには，複素数体 $\boldsymbol{C}$ 上のベクトル空間といい，実数体 $\boldsymbol{R}$ にとどめるときは，$\boldsymbol{R}$ 上のベクトル空間という．私たちは (1)（したがってまた (2)）の係数 $a_1, \ldots, a_n$ は，実数として，全体として実数の世界で考えている．したがってここでも特に断らぬ限り，ベクトル空間というときには，$\boldsymbol{R}$ 上のベクトル空間のこととする．これらの言葉を使うと，いままで述べたことは次のようにまとめられる．

> 斉次の線形微分方程式の解全体は，ベクトル空間をつくる．

定数係数の微分作用素についての注意

(2) で与えた微分の記号 $D = \frac{d}{dx}$ を用いることにしよう．このとき D を１つの文字のように考えて，たとえば
$$(D-1)^2 = D^2 - 2D + 1$$
$$(D-3)(D+5) = D^2 + 2D - 15$$
のような表わし方が可能となる．下の方の式で説明すれば，この等式は，任意の関数 y に対して

$$(D-3)(D+5)y = (D-3)(Dy+5y)$$
$$= D(Dy+5y) - 3(Dy+5y)$$
$$= D^2y + 5Dy - 3Dy - 15y$$
$$= (D^2 + 2D - 15)y$$

が成り立つことを意味している.

斉次の定数係数線形微分方程式の解法

(I):1階のときには
$$Dy + ay = 0$$
の一般解は, $y = Ce^{-ax}$ で与えられる. これは代入してみてもわかるし, 前講の1階線形微分方程式の解き方を参照してみてもわかる.

(II)$_1$:2階のときには, まず1つの例として
$$D^2y - 5Dy + 6y = 0 \tag{3}$$
の場合から考えよう. このとき $y = e^{kx}$ に対して $(D^2 - 5D + 6)e^{kx}$ を計算してみると, $De^{kx} = ke^{kx}$ に注意して
$$(D^2 - 5D + 6)e^{kx} = D^2 e^{kx} - 5De^{kx} + 6e^{kx}$$
$$= k^2 e^{kx} - 5ke^{kx} + 6e^{kx}$$
$$= (k^2 - 5k + 6)e^{kx}$$
$$= (k-2)(k-3)e^{kx}$$
となることがわかる. したがって $k = 2$, $k = 3$ にとるとこの式は 0 となる. すなわち e^{2x}, e^{3x} は (3) の解である. 解の全体がベクトル空間になることを用いると, これから
$$C_1 e^{2x} + C_2 e^{3x} \quad (C_1, C_2 \text{ は任意定数})$$
も解となることがわかる. 実はこれが一般解であることが証明されている. ここで C_1, C_2 と 2 つの任意定数が現われたのは, (3) が 2 階の微分方程式だからである.

(II)$_2$:(II)$_1$ は, 形式的にいえば $D^2 - 5D + 6$ が 2 つの異なる '1 次式' $D - 2$ と $D - 3$ に因数分解されるときであった. それでは, 2 乗の形となるとき, たとえば

$$(D+3)^2 y = D^2 y + 6Dy + 9y = 0 \tag{4}$$

のときはどうなるだろうか．

このときも 1 つの解が e^{-3x} となることは代入してみるとすぐにわかる．しかし，さらに xe^{-3x} も解となっている．実際

$$(D+3)xe^{-3x} = D(xe^{-3x}) + 3xe^{-3x}$$
$$= e^{-3x} - 3xe^{-3x} + 3xe^{-3x} = e^{-3x}$$

となって，これから

$$(D+3)^2 xe^{-3x} = (D+3)e^{-3x} = (-3+3)e^{-3x} = 0$$

が導かれるからである．

このことから (4) の一般解は

$$C_1 e^{-3x} + C_2 xe^{-3x}$$

で与えられることが示される．

(II)$_3$：さらに

$$D^2 y - 4Dy + 13y = 0 \tag{5}$$

という例も考えてみよう．このとき

$$(D^2 - 4D + 13)y = (D - (2+3i))(D - (2-3i))y = 0$$

となり，複素数を用いて '因数分解' される形となっている．このことから (II)$_1$ の場合に見習えば，形式的には一般解は

$$C_1 e^{(2+3i)x} + C_2 e^{(2-3i)x} \tag{6}$$

となることが予想される．それではここで e^{2+3i}, e^{2-3i} とは何であろうか．第 13 講 Tea Time を見ると，オイラーの公式 (と指数法則) から

$$e^{(2+3i)x} = e^{2x} e^{3ix}$$
$$= e^{2x}(\cos 3x + i \sin 3x)$$
$$e^{(2-3i)x} = e^{2x}(\cos(-3x) + i \sin(-3x))$$
$$= e^{2x}(\cos 3x - i \sin 3x)$$

となる．

これを (6) に代入して実数部分，虚数部分に整理してかくと

$$C_1 e^{(2+3i)x} + C_2 e^{(2-3i)x}$$
$$= (C_1 + C_2) e^{2x} \cos 3x + i (C_1 - C_2) e^{2x} \sin 3x$$

となる. そこで
$$\tilde{C}_1 = C_1 + C_2, \quad \tilde{C}_2 = C_1 - C_2$$
とおき, 上式の実数部分
$$\tilde{C}_1 e^{2x} \cos 3x,$$
虚数部分
$$\tilde{C}_2 e^{2x} \sin 3x$$
を, それぞれ (5) の左辺に代入してみると, これらは (5) の解となっていることが確かめられる. したがって (5) の一般解は
$$\tilde{C}_1 e^{2x} \cos 3x + \tilde{C}_2 e^{2x} \sin 3x$$
で与えられることがわかる.

オイラーの公式と指数法則を用いて (5) の解がどのようになるか, 予想を立ててみたのは発見的推論である. このように, 実数上の解析学にも, 複素数を用いると見通しのよくなることが多い.

これらの例をまとめて, 一般の形にかいておくと次のようになる.

$D^2 y + a_1 Dy + a_2 y = 0$ の一般解は

i) $t^2 + a_1 t + a_2 = (t-\alpha)(t-\beta)$, α, β は相異なる実数のときには
$$C_1 e^{\alpha x} + C_2 e^{\beta x}$$

ii) $t^2 + a_1 t + a_2 = (t-\alpha)^2$ のときには
$$C_1 e^{\alpha x} + C_2 x e^{\alpha x}$$

iii) $t^2 + a_1 t + a_2 = \{t - (\alpha + i\beta)\}\{t - (\alpha - i\beta)\}$ のときには
$$C_1 e^{\alpha x} \cos \beta x + C_2 e^{\alpha x} \sin \beta x$$

---

n 階の (1) の形の定数係数の線形微分方程式に対しても類似の形で, 一般解を求めることができる. ここでは最も簡単な場合, すなわち上の i) に対応する場合だけ結果を記しておこう.

$$D^n y + a_1 D^{n-1} y + a_2 D^{n-2} y + \cdots + a_{n-1} Dy + a_n y = 0$$
の一般解は, 対応する n 次式が

> $$t^n + a_1 t^{n-1} + a_2 t^{n-2} + \cdots + a_{n-1} t + a_n$$
> $$= (t - \alpha_1)(t - \alpha_2) \cdots (t - \alpha_n)$$
> $(\alpha_1, \alpha_2, \ldots, \alpha_n$ は相異なる実数) と因数分解されるときには
> $$C_1 e^{a_1 x} + C_2 e^{a_2 x} + \cdots + C_n e^{\alpha_n x}$$
> で与えられる.

一般解と特殊解

斉次とは限らない，一般の定数係数の線形微分方程式
$$L(y) = D^n y + a_1 D^{n-1} y + \cdots + a_{n-1} D y + a_n y = R(x) \tag{7}$$
を考えてみよう.

いま，この微分方程式の 2 つの解 y_1, y_2 があったとしよう:
$$L(y_1) = R(x), \quad L(y_2) = R(x)$$
第 2 式から第 1 式を引くと
$$L(y_2) - L(y_1) = 0$$
となるが，L の線形性から
$$L(y_2 - y_1) = 0$$
となる. このことは，$z = y_2 - y_1$ とおくと，z は斉次の微分方程式 $L(y) = 0$ の解となっていることを示している. すなわち
$$y_2 = z + y_1, \quad L(z) = 0$$
と表わされる.

逆に (7) をみたす 1 つの解 y_1 をとり，次に，$L(z) = 0$ となる z をとって $y_2 = z + y_1$ とおくと，y_2 はやはり (7) の解となっている.

すなわち (7) の解は，$L(z) = 0$ をみたす任意の解 z と，$L(y_1) = R(x)$ をみたす特別な 1 つの解を加えることにより，すべて表わすことができる.

(7) の微分方程式: $L(y) = R(x)$ をみたす 1 つの解 y を，ふつうこの微分方程式の<u>特殊解</u>という. したがって次の結果が示された.

> 微分方程式
> $$\frac{d^n y}{dx^n} + a_1 \frac{d^{n-1} y}{dx^{n-1}} + \cdots + a_{n-1} \frac{dy}{dx} + a_n y = R(x)$$
> の一般解 y は,この微分方程式の特殊解 y_1 と,
> $$\frac{d^n y}{dx^n} + a_1 \frac{d^{n-1} y}{dx^{n-1}} + \cdots + a_{n-1} \frac{dy}{dx} + a_n y = 0$$
> の一般解 z によって
> $$y = z + y_1$$
> と表わされる.

Tea Time

質問 微分方程式のことを聞いていますと,しだいしだいに指数関数 e^x が,解析学の舞台の中央に現われてくるような感じがします.この講のお話は,具体的な計算が中心となっていたので,よくわかったのですが,最後の一般解と特殊解のところは,具体例がなかったので少しわかりにくいと思いました.例を1つ示していただけませんか.

答 $L(y) = R(x)$ で,$R(x)$ が多項式や,$e^x, \sin x, \cos x$ などのときには,特殊解を求めることができる.この求め方をどのようにするかを示すことは,ふつうは解析入門の1つのテーマとなっているが,ここでは省略することにしたのである.

しかし質問もあったので,$R(x)$ が多項式のときに,簡単な例で特殊解の求め方と一般解の表わし方を述べておこう.

例として
$$\frac{d^2 y}{dx^2} - 5 \frac{dy}{dx} + 6y = 12x^3 - 2x + 4 \qquad (*)$$
の一般解を求めてみよう.まず
$$\frac{d^2 y}{dx^2} - 5 \frac{dy}{dx} + 6y = 0$$

の一般解は講義でも示したように
$$y = C_1 e^{2x} + C_2 e^{3x}$$
である．次に $(*)$ の特殊解を知りたい．この右辺は x の 3 次式である．左辺を y として仮に $Ax^3 + Bx^2 + Cx + D$ をおいてみると，左辺全体は 3 次式となり，右辺と見比べて，未定係数法で A, B, C, D が決まりそうである．決まればそれが特殊解となる．この計算を行なうことが少しわずらわしいので，同じことを次のように，割り算に似た算法で行なってしまう．

$$
\begin{array}{r}
2x^3 + 5x^2 + 6x + 4 \\
6 - 5D + D^2 \overline{\smash{\big)}\, 12x^3 \phantom{{}+ 5x^2} - 2x + 4} \\
\underline{12x^3 - 30x^2 + 12x } \\
30x^2 - 14x + 4 \\
\underline{30x^2 - 50x + 10} \\
36x - 6 \\
\underline{36x - 30} \\
24 \\
\underline{24} \\
0
\end{array}
$$

(この計算で，割り算 (?) のようなものを行なった最初の行は，割り算ではなくて微分演算
$$(6 - 5D + D^2)2x^3 = 12x^3 - 5(2x^3)' + (2x^3)''$$
$$= 12x^3 - 30x^2 + 12x$$
を示している！ ほかの行も同様)．このような計算で，なぜ特殊解が得られるかについては，各自が少し考えてみてほしい．

いずれにしても，これで特殊解
$$2x^3 + 5x^2 + 6x + 4$$
が得られたから，$(*)$ の一般解は
$$C_1 e^{2x} + C_2 e^{3x} + 2x^3 + 5x^2 + 6x + 4$$
で与えられることがわかった．

なお，上の特殊解を求める演算は，$R(x)$ が多項式のときにはいつでも使えるが，それ以外のときには使えないことを注意しておこう．

第19講

面　積

テーマ
- ◆ 関数のグラフのつくる面積の考察の一般化
- ◆ 平面上の有界な図形の面積を測る．
- ◆ 面積の概念
- ◆ 内側から測った面積，外側から測った面積
- ◆ 面積の定義
- ◆ 面積確定の図形

グラフの面積よりももう少し一般的な観点から

これからは定積分の話に入ろうと思う．関数 $f(x)$ の a から b までの定積分とは，一言でいえば図 42 のたて線で示してある部分の面積のことである（厳密な定義はあとで述べる）．

しかし $f(x)$ のグラフが激しく波打つようになったり，$f(x)$ が不連続になってグラフが切れ切れになったりすると，いままでははっきりしていたと思っていた面積の概念があやふやなものとなってくることがある．したがって定積分の話を進める前に，面積という概念を確かなものとしておかなくてはならない．そういう観点に立ってみると，今度は図 42 で示したようなグラフのつくる図形の面積だけでなくて，図 43 の S や T に対しても面積の概念を明らかにしておく方がよ

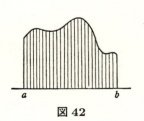

図 42

図 43

いと思われてくる．

そこで平面上の有界な部分集合に対して，'面積とは何か' ということから話を始めることにしよう．

面積の概念

面積の基本は，1 辺の長さがそれぞれ a, b である長方形の面積は ab であるということである．なぜそう決めたかというと，これは小学校で教えられたように，たとえば 1 辺が 3，他の 1 辺が 5 の長方形に，1 辺が 1 の正方形のタイルを敷きつめていくと，ちょうど $3 \times 5 = 15$ (個) のタイルがいるという考えが基本となっているに違いない．この考えが自然に受け入れられるのは，タイルが重なり合っていなければ，タイルを貼った全体の面積は，それぞれのタイルの面積を加えたものになっているということを認めているからである．

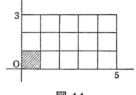

図 44

すなわち，私たちのもつ面積の考えの中には，次の 2 つのことが基本的な要請として含まれている．

(A) 1 辺の長さがそれぞれ a, b である長方形の面積は ab である．

(B) S と T が共通点がないならば，S と T を併せたもの (和集合 $S \cup T$) の面積は，S の面積と T の面積の和となる．

ここで厳密な述べ方を好む人は，(A) で長方形というときに，長方形の内部だけなのか，それとも辺も加えて考えているのかと気にされるかもしれない．結果的にはどちらでもよいのだが，これからの議論のときには，長方形というときには，長方形の各辺は座標軸に平行であっ

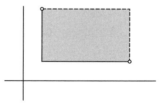

図 45

て，内部と，下辺および左側の辺を含むものとすると約束しておく方が紛らわしくないかもしれない (図 45)．

140   第19講 面積

内側から測った面積と外側から測った面積

平面上に有界な図形 (部分集合) S が与えられたとしよう. S は長方形
$$\{(x,y) \mid a \leqq x < b, \ c \leqq y < d\}$$
の中に完全に含まれているとする.

いま,この長方形の下辺に相当する x 軸上の区間 $[a,b]$ に任意に分点をとって,それを
$$a = x_0 < x_1 < x_2 < \cdots < x_n = b$$
とする. また y 軸上の区間 $[c,d]$ にも任意に分点をとって
$$c = y_0 < y_1 < y_2 < \cdots < y_m = d$$
とする. この分点のとり方を1つ指定することを $\mathscr{G}$ と表わすことにしよう.

この分点のとり方 $\mathscr{G}$ に対応して,平面上に mn 個の長方形 (タイル!)
$$J_{ij} = \{(x,y) \mid x_i \leqq x < x_{i+1}, \ y_j \leqq y < y_{j+1}\}$$
$$(i = 0, 1, \ldots, n-1; \ j = 0, 1, \ldots, m-1)$$
が得られる. この長方形 J_{ij} の面積を $|J_{ij}|$ で表わすことにする:
$$|J_{ij}| = (x_{i+1} - x_i)(y_{j+1} - y_j)$$

さて,これら mn 個の長方形の中で S に完全に含まれるものだけを取り出して,それらを
$$J_1', J_2', \ldots, J_s'$$
とする. すなわち各 J_r' は J_{ij} の中の1つで $J_r' \subset S$ となっているものである.

また,これら mn 個の長方形の中で S と交わるものだけを取り出して,それらを
$$J_1'', J_2'', \ldots, J_t''$$
とおく. すなわち $J_p'' \cap S \neq \phi \ (p = 1, \ldots, t)$ である.

もちろん
$$\{J_1', \ldots, J_s'\} \subset \{J_1'', \ldots, J_t''\}$$
となっている.

そこで
$$\underline{S}(\mathscr{G}) = |J_1'| + |J_2'| + \cdots + |J_s'|$$

$$\overline{S}(\mathscr{G}) = |J_1''| + |J_2''| + \cdots + |J_t''|$$

とおく．ここで $\underline{S}(\mathscr{G})$ は，与えられた mn 個のタイル（$\mathscr{G}$-タイル！）を用いて，S の内側からタイルを貼って測ってみた S の（近似的な）面積であり，$\overline{S}(\mathscr{G})$ は外側からタイルを貼って測ってみた S の（近似的な）面積である．明らかに

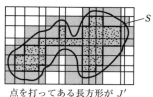

点を打ってある長方形が J'
影をつけている長方形が J''

図 46

$$\underline{S}(\mathscr{G}) \leqq \overline{S}(\mathscr{G}) \tag{1}$$

である．

なお，S に完全に含まれている'タイル'が1つもないときもある．たとえば S が1点とか，線分のときは，その場合である．そのときは $\underline{S}(\mathscr{G}) = 0$ とおく．

分点の数を増し，タイルを細かくする

分点

$$\mathscr{G} : \begin{cases} a = x_0 < x_1 < \cdots < x_n = b \\ c = y_0 < y_1 < \cdots < y_m = d \end{cases}$$

の間に，さらに分点を加えることを $\mathscr{G}$ を細分するという．たとえば，x_0 と x_1 の間にいくつかの分点 $x_0 < \tilde{x}_1 < \cdots < \tilde{x}_k < x_1$，$y_0$ と y_1 の間にいくつかの分点 $y_0 < \tilde{y}_1 < \cdots < \tilde{y}_l < y_1$ を加えるのも $\mathscr{G}$ の1つの細分である．もちろん細分というときには，各々の x_i と x_{i+1}，y_j と y_{j+1} の間に分点を加えるのである．

$\mathscr{G}$ の細分を $\tilde{\mathscr{G}}$ とすると，$\tilde{\mathscr{G}}$ からつくられる'タイル'の方が，$\mathscr{G}$ からつくられるタイルより細かい'タイル'となる．したがってひとつひとつの $\mathscr{G}$-タイルは，$\tilde{\mathscr{G}}$-タイルによって分割されて細分される．内側から S にタイルを貼るときには，$\mathscr{G}$-タイルを用いるより，$\tilde{\mathscr{G}}$-タイルを用いた方が，一層広い範囲に貼れることになる（職人さんが，大きなタイルでは貼りきれなかった部屋の隅の部分を，タイルを割って貼っている情景を想像してほしい）．このことから

$$\underline{S}(\mathscr{G}) \leqq \underline{S}(\tilde{\mathscr{G}})$$

が成り立つことがわかる．

同様に考えると，外側から貼るときには，S からはみでている部分は，$\tilde{\mathscr{G}}$-タイルを使った方が小さくなっていることがわかり，したがって

$$\overline{S}(\tilde{\mathscr{G}}) \leqq \overline{S}(\mathscr{G})$$

となる．

このことからさらに，2つの分点 $\mathscr{G}, \mathscr{G}'$ が与えられたとき，いつでも

$$\underline{S}(\mathscr{G}) \leqq \overline{S}(\mathscr{G}') \qquad (2)$$

が成り立つことがわかる．すなわちどんなタイルを用いても，内側から測った S の (近似的な) 面積は，外側から測った S の (近似的な) 面積より小さいのである．

これを示すには，$\mathscr{G}$ の分点と $\mathscr{G}'$ の分点を2つ併せた分点によって得られる細分を $\tilde{\mathscr{G}}$ としてみるとよい．$\tilde{\mathscr{G}}$ は $\mathscr{G}$ の細分にもなっているし，$\mathscr{G}'$ の細分にもなっている．したがって上に述べたことから

$$\underline{S}(\mathscr{G}) \leqq \underline{S}(\tilde{\mathscr{G}}), \quad \overline{S}(\tilde{\mathscr{G}}) \leqq \overline{S}(\mathscr{G}')$$

である．一方，(1) により

$$\underline{S}(\tilde{\mathscr{G}}) \leqq \overline{S}(\tilde{\mathscr{G}})$$

である．この3つの不等号を併せてみると，(2) が成り立つことが示された．

面　　積

S を平面上の有界な集合とする．分点 $\mathscr{G}$ をいろいろにとったとき，$\underline{S}(\mathscr{G})$ という値全体のつくる数直線上の集合を $\underline{\Sigma}$ で表わし，同様に $\overline{S}(\mathscr{G})$ 全体の集合を $\overline{\Sigma}$ で表わす．

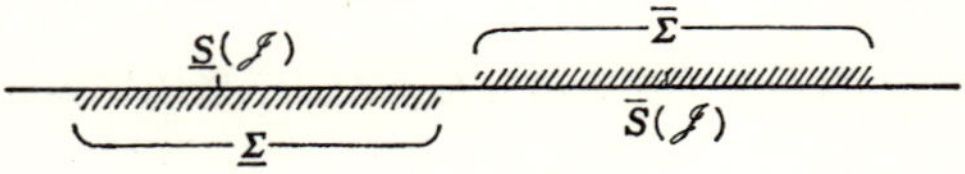

図 47

上に述べた (2) は，$\underline{\Sigma}$ に含まれるどの数 $\underline{S}(\mathscr{G})$ をとっても，$\overline{\Sigma}$ よりは左にあるということである．したがって $\underline{\Sigma}$ と $\overline{\Sigma}$ の占める数直線上の位置関係は図 47 のようになっている．

特に $\underline{\Sigma}$ は上に有界な集合であり，$\overline{\Sigma}$ は下に有界な集合である．したがって実

数の連続性 (第 3 講参照) から $\sup \underline{\Sigma}$, $\inf \overline{\Sigma}$ が存在する. そこで

$$|S|_* = \sup \underline{\Sigma}, \quad |S|^* = \inf \overline{\Sigma}$$

とおいて, $|S|_*$ を S の内部面積, $|S|^*$ を S の外部面積という.

注意 内部面積, 外部面積という言葉の意味しているものは明快であろうが, これは数学の用語として定着しているものではない. 数学では, もう少し一般的な背景も考慮に入れて, $|S|_*$ を S の (ジョルダン) 内測度, $|S|^*$ を S の (ジョルダン) 外測度という. しかしこうした術語を使っては, 一般の読者には, いままで述べてきたことが突然霧に包まれてしまうような錯覚に陥るだろう.

【定義】 $|S|_* = |S|^*$ のとき, S は面積確定の図形であるという. このとき

$$|S| = |S|_* = |S|^*$$

とおいて, $|S|$ を S の面積という.

面積確定でない図形はたくさん存在している. 一番よく引用される例は, 長さ 1 の正方形の中で, x 座標, y 座標がともに有理数であるような点 (有理点!) 全体を考え, この点の集りを S とするのである. このとき $|S|_* = 0$, $|S|^* = 1$ となり, S は面積確定ではない.

もっとほかの例を知りたいという人もいるかもしれない. この例を少し手直しして, もう少し形の変わった面積確定でない図形の例も与えておこう. それには, 正方形の中の有理点全体は $\{r_1, r_2, \ldots, r_n, \ldots\}$ と番号をつけて述べることができるという事実を使う. いま, r_1 を中心にして半径 $\frac{1}{4}$ の円の内部を C_1 とし, r_2 を中心にして半径 $\frac{1}{4^2}$ の円の内部を C_2 とし, 以下同様にして, r_n を中心にして半径 $\frac{1}{4^n}$ の円の内部を C_n とする. このとき和集合

$$C = C_1 \cup C_2 \cup C_3 \cup \cdots \cup C_n \cup \cdots$$

は, 面積確定でない. また正方形の中から, C に属する点を除いて得られる図形も面積確定ではない.

Tea Time

 細かい長方形に分けながら面積を求めていく考え方について

　図形 S の面積を知るために，ここで述べたように S を細かい長方形に分けて，それらの面積の和を求めながら，しだいに S の面積を近似していくという考えは，自然なことで，ここに疑う余地など何もないように見える．立体の体積を知りたいときは，今度は長方体 (ブロック片!) をいくつ積み上げていったら，この立体ができるだろうかと考えていくだろう．実際このような考えに従って，数学は面積や体積，したがってまた定積分の理論をつくってきた．

　しかしいつか，ある先生からお話を伺ったことがあるのだが，アフリカのある部族では，大きさを測る単位が円とか球であって，たとえば 2 つの容器の大小を測るのに，いくつ同じ球状のものが入るかで比べるそうである．ブロックを積み上げるような考えが全然ないので，この部族の人に，面積や定積分の考えをのみこませるのは，至難の業であると聞いた．世界には，いろいろな考え方をする人がいるものである．

━━━━━━━━━━━━━━━━━━━━━━━━━━━━

質問　いつか解析教程についての本を見たとき，定積分の説明のところで，ダルブーの定理というのがのっていました．ところがそれが何をいっているのか，よくわからなかった記憶があります．ここでの講義に沿う形で，ダルブーの定理とは何を問題としている定理なのかを説明していただけませんか．

答　ダルブーというのは，19 世紀後半から 20 世紀初頭にかけて活躍したフランスの数学者の名前である．解析学の少し詳しい本には，必ずといってよいほどダルブーの定理を挙げているが，定理の内容に少しわかりにくいところがあるかもしれない．大体どのようなことを述べているのかを説明しておこう．

　簡単のため，S は面積確定とする．このとき，S の面積 $|S|$ は，数直線上の点としては，図 47 で，$\underline{\Sigma}$ と $\overline{\Sigma}$ が (極限において) ぶつかり合う，ちょうど中間の点となっている．$|S|$ はしたがって，$\underline{\Sigma}$ の点列と $\overline{\Sigma}$ の点列によって近づけるのであるが，この近づく点列がどんなものかまだよくわからないのである．講義の記号

では，分点 $\mathscr{G}$ をどのようにとっていったら，対応する内側の面積 $\underline{S}(\mathscr{G})$ と，外側の面積 $\overline{S}(\mathscr{G})$ が，$|S|$ に近づくのかがはっきりしない．図形 S の複雑さの度合によっては，相対的に，ある点のまわりの分点のとり方 (タイルのとり方！) を，ほかの場所よりずっと細かくとって，その状態を保ちながら分点を増していくということが必要となるかもしれない．しかし，もしそんなことになっていたら，図形 S の面積 $|S|$ を求めるのに，S に応じて適当な分点を探しながら $|S|$ の近似値を求めていかなくてはいけなくなる．それでは，面積の定義はあっても，実際上，面積を求めることなどできなくなるだろう．

ダルブーの定理は，図形 S に応じて，どんな分点をとったらよいかというような配慮は一切いらないということを述べているのである．すなわち，

'分点
$$\mathscr{G} : \begin{cases} a = x_0 < x_1 < \cdots < x_n = b \\ c = y_0 < y_1 < \cdots < y_m = d \end{cases}$$
において，分点の最大幅
$$\mathrm{Max}\,(x_{i+1} - x_i), \quad \mathrm{Max}\,(y_{j+1} - y_j)$$
を 0 に近づければ，どのように面積確定な S に対しても，$\underline{S}(\mathscr{G})$ と $\overline{S}(\mathscr{G})$ は，必ず面積 $|S|$ に近づく'．

これがダルブーの定理の内容であって，これによって面積の概念が，単に定義だけではなくて，実際上計算可能な量 (少なくとも近似的には) として，数学の中で確定してきたのである．

第20講

定 積 分

テーマ
- ◆ 積分可能な関数
- ◆ f の定積分と面積概念
- ◆ グラフのつくる図形の面積——内部面積, 外部面積
- ◆ 定積分の定義
- ◆ ダルブーの定理
- ◆ 区間に関する加法性
- ◆ 一様連続性
- ◆ 連続関数の積分可能性

グラフのつくる図形

閉区間 $[a,b]$ 上で定義された有界な関数 $f(x)$ が, $f(x) \geqq 0$ をみたすとき,
$$S = \{(x,y) \mid a \leqq x \leqq b,\ 0 \leqq y \leqq f(x)\}$$
を f のグラフのつくる図形という. $f(x)$ が有界だから, S は平面の有界な図形となっていることをまず注意しておこう. f が連続のときと, f が不連続のときの S を, 図 48 で例示しておいた. S は面積確定のときもあるし, 面積が確定しないこともある. S が面積確定のとき, f は積分可能な関数であるといい,
$$|S| = \int_a^b f(x)dx$$
で表わす. そしてこの右辺を, a から b までの f の定積分と読む.

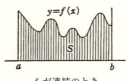
f が連続のとき
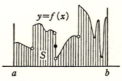
f が不連続のとき

図 48

グラフのつくる図形の面積

関数 f のグラフのつくる図形の面積 S について，少し注意しておこう．一般の図形の面積の定義に従えば，まず x 軸，y 軸上に分点 $\mathscr{G}$ をとって，それによって平面を'タイル'に分けるのであるが，$x_i \leqq x < x_{i+1}$ における 1 つのタイル J_{ij} が，f のグラフに対して，図 49 の左図のようになっているときには，J_{ij} より，J_{ij}' をとった方が，S の内部面積 $|S|_*$ を一層よく近似することになる．また図 49 で，J_{il} の代りに J_{il}'' をとった方が S の外部面積 $|S|^*$ を一層よく近似することになる．

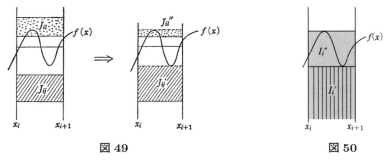

図 49　　　　　図 50

さらに図 49 でそれぞれ J_{ij}', J_{il}'' より下の方にあるタイルは，1 つにまとめて長方形にしておいても，内部面積，外部面積を近似する面積は変わらない．

結局，各 $x_i \leqq x < x_{i+1}$ では，S の内部面積，外部面積に近づくためには，図 50 で示したような長方形 I_i', I_i'' を考えればよいことになる．

長方形 I_i' の高さは，$x_i \leqq x < x_{i+1}$ における $y = f(x)$ のグラフの最低の高さ m_i であり，I_i'' の高さはグラフの最高の高さ M_i である．ここで最低の高さ m_i，最高の高さ M_i とは，それぞれ

$$\begin{aligned} m_i &= \inf_{x_i \leqq x < x_{i+1}} f(x) \\ M_i &= \sup_{x_i \leqq x < x_{i+1}} f(x) \end{aligned} \quad (1)$$

を意味している．したがって各長方形 I_i', I_i'' の面積は

$$|I_i'| = m_i (x_{i+1} - x_i)$$

$$|I_i''| = M_i(x_{i+1} - x_i)$$

である．

この考察から，グラフのつくる図形 S の内部面積 $|S|_*$ と，外部面積 $|S|^*$ は

$$|S|_* = \sup \sum_{i=0}^{n-1} m_i (x_{i+1} - x_i)$$
$$|S|^* = \inf \sum_{i=0}^{n-1} M_i (x_{i+1} - x_i) \tag{2}$$

で与えられることがわかった．ここで，sup, inf は，閉区間 $[a,b]$ のいろいろな分点のとり方

$$a = x_0 < x_1 < x_2 < \cdots < x_n = b \tag{3}$$

のすべてにわたってとられるものとする．

定積分の定義

$f(x)$ を，閉区間 $[a,b]$ で定義された有界な関数とする．区間 $[a,b]$ の分点 (3) が与えられたとき，記号 m_i, M_i は (1) の意味であるとする．(2) で $|S|_* = |S|^*$ が成り立つとき，f は積分可能であると定義することにしよう．すなわち

【定義】 $\sup \sum_{i=0}^{n-1} m_i (x_{i+1} - x_i) = \inf \sum_{i=0}^{n-1} M_i (x_{i+1} - x_i)$

が成り立つとき，f は積分可能であるといい，この値を

$$\int_a^b f(x)dx$$

と表わし，f の a から b までの定積分という．

この定義では，$f \geqq 0$ の仮定を外してしまったことに注意する必要がある．

積分可能な関数 f が，$f \geqq 0$ をみたしているときには，上の説明から，定積分 $\int_a^b f(x)dx$ は，グラフのつくる面積に等しい．$f \leqq 0$ のときには，図 51 で示した図形の面積に，マイナスの符号をつけたものが $\int_a^b f(x)dx$ となる．このことは，このとき $m_i \leqq 0$, $M_i \leqq 0$ となることに注意すると，すぐに確かめられる．

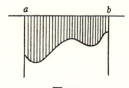

図 51

なお前講の Tea Time で触れたダルブーの定理を，定積分の場合に対してここで明確な形で述べておこう (証明は省略する).

> **ダルブーの定理** $f(x)$ を区間 $[a,b]$ で積分可能な関数とする．分点 $a = x_0 < x_1 < x_2 < \cdots < x_n = b$ に対応して，和
> $$\sum_{i=0}^{n-1} f(\xi_i)(x_{i+1} - x_i)$$
> を考える．ここで ξ_i は $x_i \leqq \xi_i < x_{i+1}$ をみたす任意の点である．
> このとき分点の最大幅 $\mathrm{Max}\,(x_{i+1} - x_i)$ が 0 に近づくように分点をとっていくと，上の和は
> $$\int_a^b f(x)dx$$
> に近づく．

ここで ξ_i を $x_i \leqq \xi_i < x_{i+1}$ をみたす任意の点にとってよいことは
$$m_i \leqq f(\xi_i) \leqq M_i$$
が成り立つことと，$\sum m_i(x_{i+1} - x_i)$ と $\sum M_i(x_{i+1} - x_i)$ がともに $\int_a^b f(x)dx$ に近づくことからわかる．

区間に関する加法性

いままでは，$a < b$ と仮定していた．$b < a$ のとき

$$\int_a^b f(x)dx = -\int_b^a f(x)dx$$

と定義する．また $a = b$ のときは

$$\int_a^a f(x)dx = 0$$

と定義する．
このとき，積分可能な関数 f に対して区間に関する加法性

$$\int_a^b f(x)dx = \int_a^c f(x)dx + \int_c^b f(x)dx \tag{4}$$

が成り立つ.

ここで, f が積分可能な範囲では, a, b, c はどこにとってもよい. 必ずしも $a < c < b$ と限る必要はないのである. また, a, b, c が異なる必要もない.

$a < c < b$ のとき, この命題の述べていることは, 本質的には, a から b までの間でグラフのつくる図形の面積は, 途中の c でこの図形を切って, 2つに分割し, それぞれの面積を求めてから加えてもよいということである. これは面積のもつ基本性質である.

この命題を示すには, もしダルブーの定理を使ってよければ, $[a, b]$ の分点をとるときに, 分点の中に, つねに c を入れておいて
$$a = x_0 < x_1 < \cdots < x_n = c < x_1' < x_2' < \cdots < x_m' = b$$
として, この最大幅を 0 に近づけながら, (4) の両辺の値を計算するとよい. ダルブーの定理を用いないときには, c の近くのグラフの面積は, 分点を細かくとると, 無視できるほど小さくすることができるというような, 細かい注意が必要となってくる.

連続関数と定積分

関数 $f(x)$ のグラフのつくる図形は, 面積確定のときもあるし, 面積が確定しないときもある. 面積が確定しないときは, $f(x)$ の定積分は定義されないのである. しかし幸いなことに, $f(x)$ が区間 $[a, b]$ で連続ならば, $f(x)$ のグラフのつくる図形は面積確定である. したがって, 連続関数 $f(x)$ に対しては, いつでも $\int_a^b f(x)dx$ を考えることができる.

そのことを示すには, $f(x)$ の一様連続性という概念が必要になる. まずそこから話を始めよう.

一様連続性

関数 $f(x)$ は, ある区間 I で定義され, そこで連続とする. $f(x)$ は I の各点 x_0 で連続である. 点 x_0 で f が連続であるという性質は

'どんな正数 ε をとっても, ある正数 δ で
$$|x - x_0| < \delta \implies |f(x) - f(x_0)| < \varepsilon$$

を成り立たせるものが存在する'
といい表わされる (第6講参照).

このとき注意することは，正数 ε と δ の相互関係である．正数 ε が与えられたとき，f によって，$f(x_0)$ の ε 以内に入るような x_0 の δ 以内の範囲があるという．この δ は，x_0 のとり方によって一般には変動する．

たとえば $I = \left(-\frac{\pi}{2}, \frac{\pi}{2}\right)$ 上で定義された $y = \tan x$ のグラフを見てみよう．y 軸の正の方向に ε きざみの節目をつくったとき，対応 $y = \tan x$ で，この ε 以内におさまる x 軸上の範囲 $\delta, \delta', \delta'', \ldots$ は，$x \to \frac{\pi}{2}$ のとき，どんどん小さくとっていかなくてはならないだろう (図52).

$y = \tan x$ は，その意味で，x が $\frac{\pi}{2}$ に近づいていくとき，連続性の一様な規準が崩れていくのである．グラフではこのことは，グラフのカーブがしだいに急になって，$x \to \frac{\pi}{2}$ のとき，x の微小な変化が，y の方の大きな変化を示すことによって示されている．

このような状況に十分注目していただきたい．そうすると連続性の一様な規準を述べる，次の定義の意味するものをよく理解してもらえると思う．

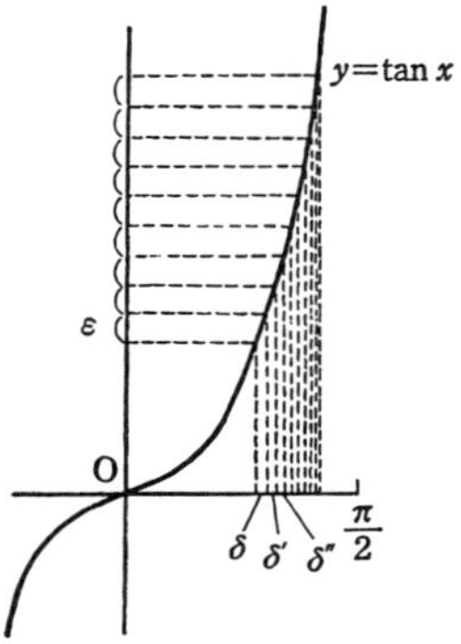

図 52

【定義】 $f(x)$ が区間 I で一様連続であるとは，任意に正数 ε が1つ与えられたとき，ある正数 δ が存在して，I に属するすべての点 x_0 に対して

$$|x - x_0| < \delta \implies |f(x) - f(x_0)| < \varepsilon \tag{5}$$

が成り立つことである．

このとき次の定理が成り立つ．

【定理】 閉区間 $[a,b]$ で定義された連続関数 $f(x)$ は，$[a,b]$ 上で一様連続である．

【証明】 証明は背理法による．もし $f(x)$ が一様連続でないと仮定すると，ある正数 ε_0 があって，この ε_0 に対しては $[a,b]$ 全体にわたる連続の一様性の規準が崩れることになるだろう．そのことは，(5) の左辺の δ として $\delta = 1, \frac{1}{2}, \frac{1}{3}, \ldots, \frac{1}{n}, \ldots (\to 0)$

と，いくら δ を小さくとっても，(5) を成り立たせない x_0 と x が区間 $[a,b]$ の中に存在していることを意味している．

すなわち，ある x_n と x_n' が $[a,b]$ の中に存在して

$$|x_n - x_n'| < \frac{1}{n} \tag{6}$$

であるが

$$|f(x_n) - f(x_n')| \geqq \varepsilon_0 \tag{7}$$

となる．そこで点列 $\{x_n\}$ の上極限 $\overline{\lim} \, x_n = x_0$ をとる（集積点の概念を知っている人は，$\{x_n\}$ の 1 つの集積点 x_0 をとるといってもよい）．$x_0 \in [a,b]$ である．ここで $[a,b]$ が閉区間のことを用いた．このとき，$\{x_n\}$ のある部分点列 $\{x_{n_i}\}$ で $x_{n_i} \to x_0 \, (n_i \to \infty)$ となっている．このとき (6) から，$x_{n_i}' \to x_0 \, (n_i \to \infty)$ である．f は連続だから，(7) の

$$|f(x_{n_i}) - f(x_{n_i}')| \geqq \varepsilon_0$$

で，$n_i \to \infty$ とすると

$$0 = |f(x_0) - f(x_0)| \geqq \varepsilon_0 \quad (>0)$$

となり，矛盾が導かれた．したがって $f(x)$ は $[a,b]$ で一様連続である． ■

連続関数の積分可能性

【定理】 閉区間 $[a,b]$ で連続な関数は積分可能である．

【証明】 $\int_a^b f(x)dx$ が存在することを示すとよい．$f(x)$ は上の定理から，区間 $[a,b]$ 上で一様連続だから，任意に正数 ε が与えられたときある正数 δ が存在して

$$|x - x'| < \delta \Longrightarrow |f(x) - f(x')| < \varepsilon \tag{8}$$

が成り立つ．いま区間 $[a,b]$ の分点

$$a = x_0 < x_1 < x_2 < \cdots < x_n = b$$

を，$x_{i+1} - x_i < \delta \, (i = 0, 1, 2, \ldots, n-1)$ にとっておく．このとき

$$m_i = \inf_{x_i \leqq x < x_{i+1}} f(x), \quad M_i = \sup_{x_i \leqq x < x_{i+1}} f(x)$$

との差，$M_i - m_i$ は (8) により ε を越すことはない．したがって

$$\sum_{i=0}^{n-1} M_i (x_{i+1} - x_i) - \sum_{i=0}^{n-1} m_i (x_{i+1} - x_i)$$
$$= \sum_{i=0}^{n-1} (M_i - m_i)(x_{i+1} - x_i)$$
$$< \varepsilon \sum_{i=0}^{n-1} (x_{i+1} - x_i) = \varepsilon (b-a) \longrightarrow 0 \quad (\varepsilon \to 0)$$

このことは，(2) と定積分の定義を参照すると，$f(x)$ は積分可能であって，定積分 $\int_a^b f(x)dx$ が確定した値をもつことを示している． ■

Tea Time

 リーマン積分とルベーグ積分

ここに述べた積分の定義は，実はリーマン積分とよばれているものである．この積分の概念はもちろんニュートン・ライプニッツに溯るが，ここで述べたように，明確に数学的に定式化したのは，19世紀半ば，ドイツの数学者リーマンによるものである．そのため，この定義に基づく積分をリーマン積分という．これに対し，20世紀初頭フランスの数学者ルベーグは，もっと新しい積分理論を提唱した．講義でも示したように，連続関数はリーマン積分可能となるが，数学が進み，連続でない関数も取り扱う必要がしだいに生じてくると，リーマン積分では律しきれない状況がいろいろ出てきたのである．

ここで述べたように，積分の概念は面積の概念に根ざしている．その立場で，ルベーグ積分とはリーマン積分のどの点を拡張したものかを述べるならば，リーマン積分では，図形をまず有限個の長方形でおおってみるという考えが基本であったが，ルベーグ積分では，図形を可算個の長方形でおおうという考えから出発する．このように，ルベーグ積分では，面積という最も素朴な基本的な概念の中に，無限個の'タイル'でおおうというような，'無限'の考えを積極的に導入することにより，'面積'概念を数学の理論体系の中に，しっかりと組み込んでしまったのである．

質問 いままでの微分の話の中では,一様連続性という話は一度もなかったのに,積分になったら,最初にこのような概念が登場してきたのに驚きました.この点をもう少しお話していただけますか.

答 微分は,関数の各点のごく近くにおける変動の模様に注目して得られた概念であった.連続性も,微分性も,まず関数の1点における連続性,微分性の定義から出発したことを思い出しておこう.数学では,1点のごく近くの性質に考察の対象を絞ることを,多少漠然としたいい方ではあるが'局所的'であるという.このいい方を用いれば,関数のもつ連続性とか,微分可能性という性質は,局所的な性質である.それに反して,積分概念では,区間 $[a, b]$ にわたるグラフの形状が問題となって,したがってここでの視点は,関数の'大域的'な性質に向けられている.そのように考えると,本来局所的な性質である連続性と,大域的な積分概念とは,どこかなじみにくいところもある.一様連続性は,この溝を埋める概念であって,定義からもわかるように,'大域的'な性質である.この性質を媒介として,いわば連続性と積分可能性が手を結んだのである.

第21講

積分と微分

テーマ
- ◆ 積分の線形性
- ◆ 準備的な注意——積分についての不等式
- ◆ 連続関数の積分は，微分可能な関数となる．
- ◆ 定積分と不定積分
- ◆ 微積分学の基本公式
- ◆ 積分のもつ1つの働き——平滑化作用

積分の線形性

次の命題は，前講で述べる方が適切だったかもしれない．

> f と g を区間 $[a,b]$ で積分可能な関数とする．このとき，定数 α, β に対して $\alpha f + \beta g$ も $[a,b]$ で積分可能な関数であって
> $$\int_a^b (\alpha f(x) + \beta g(x))dx = \alpha \int_a^b f(x)dx + \beta \int_a^b g(x)dx$$
> が成り立つ．

【証明】 簡単のため，$\alpha, \beta > 0$ とする．分点 $a = x_0 < x_1 < x_2 < \cdots < x_n = b$ をとる．いま $i = 0, 1, \ldots, n-1$ に対して

$$m_i = \inf_{x_i \leqq x < x_{i+1}} f(x), \quad m_i' = \inf_{x_i \leqq x < x_{i+1}} g(x)$$

$$\tilde{m}_i = \inf_{x_i \leqq x < x_{i+1}} (\alpha f(x) + \beta g(x));$$

$$M_i = \sup_{x_i \leqq x < x_{i+1}} f(x), \quad M_i' = \sup_{x_i \leqq x < x_{i+1}} g(x),$$

$$\tilde{M}_i = \sup_{x_i \leqq x < x_{i+1}} (\alpha f(x) + \beta g(x))$$

とおく．このとき

$$\alpha m_i + \beta m_i' = \inf_{x_i \leqq x < x_{i+1}} \alpha f(x) + \inf_{x_i \leqq x < x_{i+1}} \beta g(x)$$
$$\leqq \tilde{m}_i \leqq \tilde{M}_i$$
$$\leqq \alpha M_i + \beta M_i'$$

が成り立つ．したがって

$$\alpha \sum m_i (x_{i+1} - x_i) + \beta \sum m_i' (x_{i+1} - x_i)$$
$$\leqq \sum \tilde{m}_i (x_{i+1} - x_i) \leqq \sum \tilde{M}_i (x_{i+1} - x_i)$$
$$\leqq \alpha \sum M_i (x_{i+1} - x_i) + \beta \sum M_i' (x_{i+1} - x_i)$$

となるが，この最初と最後の式は，分点を細かくしていくと，しだいに

$$\alpha \int_a^b f(x)dx + \beta \int_a^b g(x)dx$$

に近づく．したがって，真中に挟まれた2つの式も同じ極限値に近づく．

このことは，$\alpha f + \beta g$ が積分可能であって

$$\int_a^b (\alpha f(x) + \beta g(x))dx = \alpha \int_a^b f(x)dx + \beta \int_a^b g(x)dx$$

が成り立つことを示している．■

注意 この結果は

$$\Phi(f) = \int_a^b f(x)dx$$

とおくと，Φ は，積分可能な関数の集り全体がつくる $\boldsymbol{R}$ 上のベクトル空間から，$\boldsymbol{R}$ への線形写像を与えていることを示している．

準備的な注意

定積分の定義からすぐに導かれることであるが，よく用いられる結果なのでここに記しておこう．

$f(x)$ を区間 $[a, b]$ で積分可能とし
$$m \leqq f(x) \leqq M$$
とする．このとき
$$m(b-a) \leqq \int_a^b f(x)dx \leqq M(b-a)$$
が成り立つ．

たとえばこの右側の不等式は

$$\int_a^b f(x)dx = \lim \sum f(\xi_i)(x_{i+1} - x_i) \quad (x_i \leqq \xi_i < x_{i+1})$$
$$\leqq M \lim \sum (x_{i+1} - x_i) \quad (f(\xi_i) \leqq M \text{ による})$$
$$= M(b-a) \quad \left(\sum (x_{i+1} - x_i) = b - a \text{ による}\right)$$

によって示される．左側の不等式も同様である．

連続関数の積分の微分可能性

関数 $f(x)$ は，区間 $[a,b]$ で連続とする．このとき任意の x ($a \leqq x \leqq b$) に対して，$f(x)$ は区間 $[a,x]$ で連続だから，前講の結果から $[a,x]$ における f の積分を考えることができる．これを $G(x)$ とおく：

$$G(x) = \int_a^x f(x)dx$$

この右辺に記号 x が，積分記号の上と，$f(x)dx$ のところに二通りの意味をもって出てくるのは少し具合が悪いと思う人が多いかもしれない．要するに，右辺は $y = f(x)$ というグラフのつくる図形の中で，a から x までの範囲の面積を求めるということであって，左辺 $G(x)$ の中にある x は，積分記号の上の x の方に対応している．紛らわしいときには，右辺を $\int_a^x f(t)dt$ のようにかくとよい．

x を変数として区間 $[a,b]$ の中を動かすと，$G(x)$ は区間 $[a,b]$ 上で定義された関数となる．このようにして，定積分という考えからも，与えられた関数 $f(x)$ から新しい関数 $G(x)$ が導き出されてきたのである．

このとき次の定理が成り立つ．

【定理】 $G(x)$ は微分可能な関数であって，

$$G'(x) = f(x)$$

が成り立つ．

【証明】
$$G(x+h) - G(x) = \int_a^{x+h} f(x)dx - \int_a^x f(x)dx$$
$$= \int_x^{x+h} f(x)dx \tag{1}$$

である．簡単のため $h > 0$ としておこう．

$$m_h = \inf_{x \leqq t < x+h} f(t), \quad M_h = \sup_{x \leqq t < x+h} f(t)$$

とおくと，f の連続性から，$h \to 0$ のとき

$$m_h \longrightarrow f(x), \quad M_h \longrightarrow f(x) \tag{2}$$

となる．

一方，上に述べた'準備的な注意'から

$$m_h h \leqq \int_x^{x+h} f(x)dx \leqq M_h h$$

である．

したがって (1) から

$$m_h \leqq \frac{G(x+h) - G(x)}{h} \leqq M_h$$

となる．ここで $h \to 0$ とすると，(2) によって，左右から挟まれる形で

$$\lim_{h \to 0} \frac{G(x+h) - G(x)}{h} = f(x)$$

が成り立つことがわかる ($h < 0$ のときも同様に示すことができる)．したがって $G(x)$ は微分可能であって $G'(x) = f(x)$ である． ∎

定積分と不定積分

上の定理は

$$G(x) = \int_a^x f(x)dx \tag{3}$$

が，$f(x)$ の 1 つの不定積分 (原始関数！) となっていることを示している (第 14 講参照)．

いま，$F(x)$ を $f(x)$ の任意にとった 1 つの不定積分とする：

$$F(x) = \int f(x)dx$$

$F(x)$ も $G(x)$ もともに $f(x)$ の不定積分だから，$G(x)$ は $F(x)$ と積分定数の差しか違わない．すなわち適当な積分定数 C によって

$$G(x) = F(x) + C \tag{4}$$

と表わされる．ところが (3) から
$$G(a) = 0$$
である．ゆえに (4) 式に $x = a$ を代入することにより，$C = -F(a)$ が得られる．したがって (4) は
$$G(x) = F(x) - F(a)$$
となる．特に $x = b$ とおくと，結局

$$\int_a^b f(x)dx = F(b) - F(a)$$

が示されたことになる．

これを**微分積分学の基本公式**という．左辺は f のグラフのつくる図形の面積であり，したがって f の大域的性質を表わしているのに反して，右辺は f の不定積分であって，これは微分の逆演算として，本質的には f の局所的性質を表わしていると考えられる．積分は，f の大域的性質に視線を向けているが，微分は，f の局所的な (無限小的な，といった方がよいのかもしれない) 性質に視線を向けている．この正反対の方向を向く 2 つの視線が，上の公式によって重なり合って，1 つのものを見ることになったのである．これは本当に驚くべきことである．

たとえば
$$\int \log x \, dx = x \log x - x + C$$
という公式は，不定積分から知っているが，これによって，たとえば，2 から e までの対数関数のグラフのつくる図形の面積が
$$\int_2^e \log x \, dx = (e \log e - e) - (2 \log 2 - 2)$$
$$= 2 - 2 \log 2$$
と直ちに計算されてしまうのである ($\log e = 1$ に注意)．

積分のもつ 1 つの働き

$f(x)$ は区間 $[a, b]$ で定義されているものとする．上に述べた定理は

(★)　$f(x)$ が連続 $\Longrightarrow G(x) = \int_a^x f(x)dx$ は微分可能

と表わされる．しかし，f が不連続であっても，積分可能な関数はたくさん存在している．たとえば，有界な増加関数は常に積分可能であって，したがって図 53 のグラフで与えられるような関数も積分可能である．このようなとき，積分して得られる関数 $G(x)$ は，もう微分可能になるとは限らないが，連続にはなるのである．一般に次のことが成り立つ．

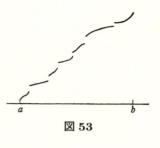

図 53

> (★★)　$f(x)$ が有界で積分可能 $\Longrightarrow G(x) = \int_a^x f(x)dx$ は連続

この結果をはじめて聞かれた人は，妙な感じをもたれるかもしれないので，まず例を示しておこう．

【例】　区間 $[0, 3]$ で考える．

$$\varphi(x) = \begin{cases} 3x^2, & 0 \leqq x < 1 \\ x - 1, & 1 \leqq x < 2 \\ \dfrac{1}{2}, & 2 \leqq x \leqq 3 \end{cases}$$

$\varphi(x)$ が不連続である模様は，グラフをよく見た方がよくわかる (図 54)．ところが

$$\int_0^x \varphi(x)dx = \begin{cases} x^3, & 0 \leqq x < 1 \\ \dfrac{1}{2}(x-1)^2 + 1, & 1 \leqq x < 2 \\ \dfrac{1}{2}x + \dfrac{1}{2}, & 2 \leqq x \leqq 3 \end{cases}$$

は連続関数となるのである．なぜ，$\varphi(x)$ のグラフのように切れたグラフが，積分

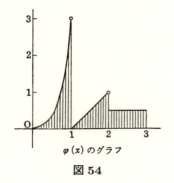

図 54

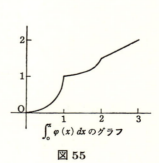

図 55

をすると，つながってしまうのかということを知るには，図54で，x が φ の不連続点1を越したとしても，グラフの面積はごく少ししか変わっていないことに注目するとよい．

ところで，(★★) を示すには，$|f(x)| \leqq M$ とすると

$$|G(x+h) - G(x)| = \left|\int_x^{x+h} f(x)dx\right|$$
$$\leqq M|h|$$

が成り立ち，したがって $h \to 0$ のとき，$G(x+h) \to G(x)$ となることに注意するとよいのである．

(★)，(★★) を見ると，積分するということは，不連続関数を連続関数に，連続関数を微分可能な関数とするような働き，すなわちグラフでいえば，切れたものはつなぎ，とげのあるもの(微分不可能なところ！) は滑らかにするような働きがあることがわかる．この積分のもつ，'平滑化作用' とでもいうべき強い働きは，解析学にとって非常に重要なものであって，いろいろなところで用いられる．

問1
$$\varphi(x) = \begin{cases} -1, & x \leqq 0 \\ 1, & x > 0 \end{cases}$$

とおく．

 i) $\psi(x) = \int_{-2}^x \varphi(x)dx$ を求めよ．
 ii) $\tilde{\psi}(x) = \int_{-2}^x \psi(x)dx$ を求めよ．

問2 $\left[0, \dfrac{\pi}{2}\right]$ で関数 $\varphi(x) = \begin{cases} \sin x, & 0 \leqq x \leqq \dfrac{\pi}{4} \\ \cos x, & \dfrac{\pi}{4} \leqq x \leqq \dfrac{\pi}{2} \end{cases}$

を考える．$\psi(x) = \int_0^x \varphi(x)dx$ のグラフをかき，このグラフが滑らかに(微分可能な曲線として) つながっていることを確かめよ．

Tea Time

質問 不連続関数でも,積分するとグラフがつながって連続となってしまうことをここではじめて知って,不思議な感じがしました. ところで (★) と (★★) を見ているうちに,こんなことに気がつきました. 例で示された不連続関数 $\varphi(x)$ の積分, $\int_0^x \varphi(x)dx$ は連続となりましたから,これに (★) が適用できて

$$\psi(x) = \int_0^x \left(\int_0^x \varphi(x)dx \right) dx$$

は微分可能な関数となります. $\psi(x)$ の方から逆にたどると $\psi'(x) = \int_0^x \varphi(x)dx$ ですが,図 55 のグラフを見ると,この関数には'とげ'(尖点)がありますから,もう $\psi'(x)$ は微分できません. この考え方で,1 回は微分できるが,2 回は微分できない,すなわち $f'(x)$ は存在するが,$f''(x)$ は存在しないような関数 $f(x)$ はいくらでもつくれるように思いますが.

答 実際,このような考えによって,1 回は微分できるが,2 回は微分できないような関数がたくさんあることがわかって,微分が何回までできるかによって分類される関数の集りが,ピラミッド状に層をなして積み重なっている感じが少し捉えられてくる.

よい機会だからこの点をもう少しはっきり述べておこう. ふつう連続関数を C^0-級,1 回微分できて,導関数が連続なものを C^1-級という. 一般に,関数 f が C^r-級というのは,$f', f'', \ldots, f^{(r)}$ が存在して連続となることである. 区間 $I = [a, b]$ で C^r-級の関数を $C^r(I)$ とかくと

$$C^0(I) \supset C^1(I) \supset C^2(I) \supset \cdots \supset C^r(I) \supset \cdots$$

が成り立つ. 質問にあった $\psi(x)$ は,$I = [0, 3]$ で,$\psi(x) \in C^1(I)$ であるが,$\psi(x) \notin C^2(I)$ であるような例となっている. 同じような考えで

$$\tilde{\psi}(x) = \underbrace{\int_0^x \cdots \int_0^x}_{r+1} \varphi(x)dx$$

とおくと,この $\tilde{\psi}(x)$ は,$\tilde{\psi} \in C^r(I)$ であるが,$\tilde{\psi} \notin C^{r+1}(I)$ の例を与えている. このようにすると,$C^r(I)$ に含まれているが,$C^{r+1}(I)$ に含まれないような関数はいくらでもつくることができる. なお,$C^\infty(I) = \bigcap_{r=0}^\infty C^r(I)$ と表わされている.

第22講

微分方程式の解の存在

テーマ
- ◆ 定積分と微分方程式
- ◆ 幾何学的な意味
- ◆ 一般の形をした微分方程式——正規形
- ◆ 解の存在と一意性の問題
- ◆ リプシッツ条件
- ◆ リプシッツ条件をみたす微分方程式は，初期値によって一意的に決まる解をもつ．
- ◆ 証明の筋道

定積分と微分方程式

連続関数 $f(x)$ が与えられると

$$G'(x) = f(x)$$

をみたす関数 $G(x)$ が必ず存在して，それは f の定積分によって

$$G(x) = \int_a^x f(x)dx$$

の形で与えられるということは，第 16 講で述べたような見方をすれば，微分方程式

$$\frac{dy}{dx} = f(x)$$

は，連続関数 $f(x)$ に対しては必ず解をもつということである．実際，この 1 つの解が $G(x)$ で与えられている．

幾何学的な意味

微分方程式

第22講 微分方程式の解の存在

$$\frac{dy}{dx} = f(x) \tag{1}$$

をみたす関数 $y(x)$ を求めるということは，点 x における接線の傾きが，右辺で指定された値 $f(x)$ となるような関数 $y(x)$ を求めるということである．すなわち，微分方程式 (1) では，接線の傾きだけが指定されているということにまず注目することが大切である．問題として与えられているのは接線の傾きだけなのだから，平面上の各点 (x, y) を始点として，傾きが $f(x)$ であるような長さの決まった短いベクトルをかいておくと，これで微分方程式 (1) で与えられた状況は図示されたことになる．

たとえば，微分方程式

$$\frac{dy}{dx} = x \tag{2}$$

を平面上に図示することを試みると，x 座標が 1 のところに，傾き 1 のベクトルを引き，x 座標が 2 のところには，傾き 2 のベクトルを引くというようになっている（図 56）．この図を見ていると，y 軸に平行なたて線上に，砂鉄の細片がそろって並んでいるように見えてくる．微分方程式 (2) の解を求めるとは，いわばこの砂鉄の細片をつなぐ'磁力線'を求めようとしているようなものである．

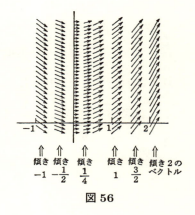

図 56

いまの場合，この解 (磁力線！) は

$$y = \frac{1}{2}x^2 + C$$

で与えられることは，すでに知っている．砂鉄の並びが，たて方向にそろっているから，磁力線も 1 本引いておけば，あとはたて方向にこれを平行移動したものが，またすべてこの砂鉄の並びに対する磁力線となっているのである．これがいまの場合，積分定数 C の意味しているものとなっている．

一般の形をした微分方程式

(1) より,もっと一般の形をした微分方程式は
$$\frac{dy}{dx} = f(x, y) \tag{3}$$
の形をしたものである.微分方程式ではこの形のもの (正規形という) を調べることが基本的なこととなっている.ここで右辺の $f(x,y)$ は,平面上の各点 (x,y) に,接線の向きを指定する関数である.このとき,x と y が 2 つとも変数となっているから,$f(x,y)$ は 2 変数の関数であるという.

この場合でも,$f(x,y)$ が具体的に与えられていれば,微分方程式 (3) を図示 (もちろん近似的であるが) することはできる.ここでは,
$$f(x, y) = -\frac{y}{x}$$
の場合と
$$f(x, y) = 1 - y^2$$
の場合とを示しておこう[1].

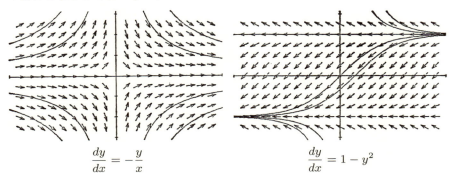

このときも,これらの'砂鉄'の方向をつなぐ'磁力線'が (もしあれば) それぞれ微分方程式 (3) の解となっている.いまの場合解は存在して,それは次頁のように図示されている.

これを見ると,このときにも 1 点を通る解曲線はただ 1 つであることがわかる.ただし今度は (1) の場合と違って,1 つの解を求めても,他の解はそれに積分定

---

[1] これらの図は,森本光生『パソコンによる微分方程式』(朝倉書店) から借用させていただいた.

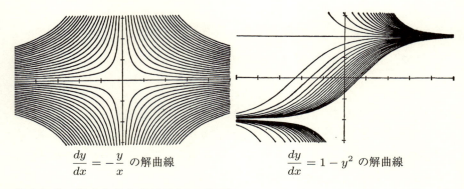

$\dfrac{dy}{dx} = -\dfrac{y}{x}$ の解曲線　　　　$\dfrac{dy}{dx} = 1 - y^2$ の解曲線

数を加えて得られるようにはなっていない．

解の存在と一意性の問題

それでは，一般に $f(x,y)$ がどのような条件をみたすとき，点 (x_0, y_0) を通る
$$\frac{dy}{dx} = f(x,y) \tag{3}$$
の解 $y(x)$ は存在して，ただ 1 つであるということがいえるのだろうか．

誰でもひとまず予想してみることは，$f(x,y)$ が 2 変数の関数として連続であるときには (すなわち，$x_n \to x$, $y_n \to y$ のとき $f(x_n, y_n) \to f(x,y)$ が成り立つときには)，このことは肯定的であろうということである．なぜならこのときには，いわば砂鉄の示す方向は各点で連続的に分布しているのだから，それらの方向をつなぐ磁力線は存在して，一意的に決まるだろうと思うからである．

ところがこの予想は，一部は正しく，一部は正しくない．$f(x,y)$ が連続であると，任意の点 (x_0, y_0) を通って，十分小さい範囲で解が存在することが示されるのであるが，一般には 1 点 (x_0, y_0) を通る解が何本もあって，どれが解曲線といってよいのか，1 つだけを指定できなくなることがある．

たとえば，微分方程式
$$\frac{dy}{dx} = y^{\frac{1}{3}}$$
の原点を通る解は，$y = 0$ と，$x = \dfrac{3}{2} y^{\frac{2}{3}}$ であって，解は 1 つには決まらない (図 57)．

どのようなとき，点 (x_0, y_0) を通る解が存在して一意性に決まるかということは，常微分方程式の解の存在と一意的の問題として有名であって，たくさんの研究がある．

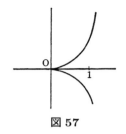

図 57

リプシッツ条件

この中で，最もよく知られている結果は，次の定理で述べられているものである．

【定理】 $r, \rho > 0$ とする．関数 $f(x, y)$ は長方形
$$D = \{(x, y) \mid \ |x - a| \leqq r, \ |y - b| \leqq \rho\}$$
で連続とし，さらにリプシッツ条件
$$|f(x, y) - f(x, y_1)| \leqq L|y - y_1| \tag{4}$$
をみたしているとする．ここで L は正の定数である．

このとき微分方程式
$$\frac{dy}{dx} = f(x, y)$$
の解で，$y(a) = b$ をみたすものが，a の近くでただ1つ存在する．

リプシッツ条件とは，$y_1 \to y$ のとき，$f(x, y_1)$ が $f(x, y)$ に近づく速さが，1

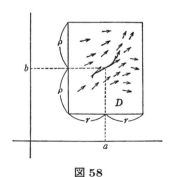

図 58

位の無限小か，あるいはそれより速いということを，D 全体にわたって一様に保証している条件である．

この定理を見て，改めて前の例を見直すと，$y^{\frac{1}{3}}$ という関数は，$y \to 0$ のとき，y に比べてはるかにゆっくりと 0 に近づくので，リプシッツ条件がみたされていなくて，この定理を適用できる範囲でなかったのである．

定理の証明の考え方 (I)

ここでこの定理の証明がどのように行なわれるか，その考え方だけを説明しておこう．基本となるのは，次の 2 つの事柄である．

(i) 関数 $y(x)$ が，

$$\frac{dy}{dx} = f(x, y), \quad y(a) = b \tag{5}$$

をみたすということと，$y(x)$ が

$$y(x) = b + \int_a^x f(x, y(x)) dx \tag{6}$$

をみたすということは同値である．

(ii) 閉区間 $[\alpha, \beta]$ で定義された連続関数全体の集合を $C[\alpha, \beta]$ とし，$f, g \in C[\alpha, \beta]$ に対して

$$\|f - g\| = \underset{\alpha \leqq t \leqq \beta}{\operatorname{Max}} |f(t) - g(t)|$$

とおく．このとき，もし $C[\alpha, \beta]$ の中の関数列 $\{f_n\}$ が，コーシー列の条件

$$\|f_m - f_n\| \longrightarrow 0 \quad (m, n \to \infty)$$

をみたしていれば，必ずある $f \in C[\alpha, \beta]$ が存在して，$\|f_n - f\| \to 0 \quad (n \to \infty)$ となる．

(i) については微分方程式の中から微分が消えて，積分へと移行してしまったことに，驚きの目が向けられるかもしれない．これも微分と積分の間を行きつ戻りつする‘解析の世界’の 1 つの風景と思ってみるとよい．

実際 (i) が成り立つことを見るには，もし $y(x)$ が (6) をみたしていると $y(a) = b + \int_a^a f(x, y(x)) dx = b$ となり，また微分すると $\frac{dy}{dx} = f(x, y)$ となっていること

とから，$y(x)$ は求める解となっていることがわかる．逆に，(5) をみたす解 $y(x)$ があると，積分すると (6) になる．

(ii) は，$C[\alpha,\beta]$ は，'距離' $\|f-g\|$ について，完備であるといわれている性質である．$\|f_n - f\| < \varepsilon$ ということは，f_n のグラフは，f のグラフから高々 ε 幅の中におさまっていることを意味しており，したがって第 13 講の '一様収束' の項と，そこでの図 38 を参照してみると，$\|f_n - f\| \to 0 \ (n \to \infty)$ は，f_n が区間 $[\alpha,\beta]$ 上で一様に f に収束していることを示していることがわかる．

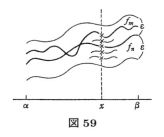

図 59

さて，関数列 $\{f_n\}$ が $\|f_m - f_n\| \to 0 \ (m, n \to \infty)$ という性質をみたしていると，図 59 で見るとわかるように，各 $x \in [\alpha, \beta]$ に対して，数列 $\{f_n(x)\}$ (図 59 で × で示してある点の y 座標) はコーシー列をつくっている．コーシー列は必ず収束するから，この極限値を $f(x)$ とおくと，$f(x)$ は，$[\alpha, \beta]$ 上で定義された関数となる．明らかに，$\|f_n - f\| \to 0 \ (n \to \infty)$ である．したがって f_n は f に一様に収束している．第 13 講を参照すると，f は連続であることがわかって，結局 $f \in C[\alpha, \beta]$ が結論された．

定理の証明の考え方 (II)

いま，長方形 D 上で
$$|f(x,y)| \leqq M$$
とし，また必要ならば，少し大きくとり直してもよいから，$M \geqq 1$，$L \geqq 1$ とする．L は定理の中で与えてある (4) 式の中に出ているリプシッツ定数である．そこで
$$\mu = \mathrm{Min}\left(r, \frac{\rho}{M}, \frac{1}{2L}\right)$$
とおく (Min は，このカッコの中の 3 つの数の中で，最小なものを示す)．もちろん $\mu > 0$ である．

$C[a - \mu, \ a + \mu]$ に属する φ で，さらに
$$|\varphi(x) - b| \leqq \rho$$
をみたすもの全体を S とする．

第 22 講 微分方程式の解の存在

$\varphi \in S$ に対して，新しい関数 $\Phi(\varphi)$ を

$$\Phi(\varphi)(x) = b + \int_a^x f(x, \varphi(x))dx$$

で定義する．$\Phi(\varphi)$ は区間 $[a-\mu, a+\mu]$ 上で x の連続関数であるが，さらに

$$\begin{aligned}
|\Phi(\varphi)(x) - b| &= \left| \int_a^x f(x, \varphi(x))dx \right| \\
&\leqq |x-a|M \quad (|f| \leqq M!) \\
&\leqq \rho \quad \left(|x-a| \leqq \mu \leqq \frac{\rho}{M}!\right)
\end{aligned}$$

このことは，
  a) $\varphi \in S \Longrightarrow \Phi(\varphi) \in S$
を示している．さらに，$\varphi, \psi \in S$ に対して
  b) $|\Phi(\varphi)(x) - \Phi(\psi)(x)| \leqq \frac{1}{2}|\varphi(x) - \psi(x)|$
が成り立つ．

実際，

$$\begin{aligned}
|\Phi(\varphi) - \Phi(\psi)| &\leqq \left| \int_a^x |f(x, \varphi(x)) - f(x, \psi(x))| dx \right| \\
&\leqq |x-a| \cdot L|\varphi(x) - \psi(x)| \quad\quad ((4)\text{ による}) \\
&\leqq \frac{1}{2}|\varphi(x) - \psi(x)| \quad \left(|x-a| \leqq \frac{1}{2L}!\right)
\end{aligned}$$

b) で，まず右辺は $\frac{1}{2}\|\varphi - \psi\|$ より大きくなることはない．したがって左辺は，x をどのように動かしてもこの値で押えられることになる．このことに注意すると，結局 b) から
  c) $\|\Phi(\varphi) - \Phi(\psi)\| \leqq \frac{1}{2}\|\varphi - \psi\|$
という関係が導かれた．

さて，帰納的に順次

$$\varphi_0 = b \text{ (定数)}, \ \varphi_1 = \Phi(\varphi_0), \ \varphi_2 = \Phi(\varphi_1), \ldots,$$
$$\varphi_n = \Phi(\varphi_{n-1}), \ \varphi_{n+1} = \Phi(\varphi_n), \ldots$$

と定義する．このように定義してもよいことは a) によっている．このとき c) は

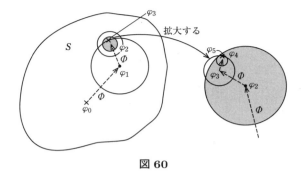

図 60

$$\|\varphi_{n+1} - \varphi_n\| = \|\Phi(\varphi_n) - \Phi(\varphi_{n-1})\|$$
$$\leqq \frac{1}{2}\|\varphi_n - \varphi_{n-1}\| \quad (n = 1, 2, \cdots) \tag{7}$$

が成り立つことを示している．この式の意味しているものは，図で見た方がわかりやすい．図 60 で，関数の集り S は，集合のように表わし，関数 $\varphi_0, \varphi_1, \varphi_2, \ldots$ は点のように表わしてある．そのとき (7) は，φ_n に注目して眺めると，この図では次のように翻訳される．φ_{n-1} は Φ で φ_n へ移る．φ_{n-1} と φ_n の長さの半分の半径で，φ_n 中心の円を画くと，次に移る φ_{n+1} は，必ずこの円の中にある．

この状況がおきていれば，図 60 からもわかるように，$\varphi_0, \varphi_1, \ldots, \varphi_n, \ldots$ はしだいに密集してくる．すなわちコーシー列をつくる (この数学的証明は特に述べない)．前項の (ii) から $C[a-\mu, a+\mu]$ は '完備' だからこのコーシー列は，ある $y(x) \in C[a-\mu, a+\mu]$ に収束する．$|y(x) - b| \leqq \rho$ をみたしていることも明らかである．

$$\varphi_n = \Phi(\varphi_{n-1})$$

で $n \to \infty$ とすると，左辺は y に近づき，右辺も b) から y に近づくことがわかり，結局

$$y = \Phi(y)$$

が得られた．

Φ の定義と (6) を見ると，これで，y が微分方程式 (5) の解を与えることがわかった．

解の存在はこのように示されたが，一意性は次のように簡単に示される．いま

y, y_1 を微分方程式 (5) の解とする．このことは，上の議論から
$$y = \Phi(y), \quad y_1 = \Phi(y_1)$$
が成り立つことと同じである．このとき c) から
$$\|y - y_1\| \leqq \frac{1}{2}\|\Phi(y) - \Phi(y_1)\| = \frac{1}{2}\|y - y_1\|$$
となり，$y = y_1$ が導かれる．

このようにして，リプシッツ条件をみたすとき，a の近くで，微分方程式 (5) の解がただ 1 つ存在することが示されて，定理が証明されたのである．

Tea Time

質問 微分方程式の解の存在と一意性の定理の証明は，いままで解析を勉強していた世界が急に一度に広がったようで，本当に面白いと思いました．ただ，定理では解は a の近くにしかないようにいっていますが，ずっと先の方ではどうなっているのですか．

答 よいところに気がついたと思う．定理で，解は a の近くに存在してただ 1 つとかいたのは，証明に合わすためでもあるし，解曲線がどんどん延びて D の外へ出ようとする限界を，適当に表現する仕方が難しかったからである．実際は，解は，D の中にある限り，どんどん一意的に延びていく．それを見るには，a の近くに存在している解曲線上の，$x = a + \mu$ の点で，もう一度上の定理を使ってみるとよい．そうすると，この点を通る解がこの近くには存在していることがわかる．解の一意性から，この解は，$a + \mu$ の左側ではすでにある解と一致している．このようにして D からはみ出さない限り，解は右の方へ延びていくことがわかるだろう．同じようにして，左の方へもどんどん延びていくことがわかるのである．

第 23 講

指数関数再考

テーマ
◆ 指数関数——指数法則
◆ 指数法則から直接に微分可能性を導く．
◆ 指数関数の微分方程式による定義
◆ 指数関数のベキ級数による定義
◆ 指数関数の定積分による定義
◆ e の定義から出発する指数関数の導入法

指数関数——加法の相から乗法の相へ

次講からは，多変数の微積分について述べていこうと思っているので，ここでは少しいままでの話を振り返ってみたい．振り返ってみるのにふさわしいテーマとして，解析学の交差点にいつでも立っているような，指数関数

$$y = e^x$$

について，再考してみることにする．

正数 $a\,(\neq 1)$ を底とする一般の指数関数 $y = a^x$ は，指数法則 $a^{x_1+x_2} = a^{x_1} a^{x_2}$ をみたしているが，逆に指数関数はこの性質で特性づけられている．すなわち，実数の加法を乗法へと移す連続写像 φ で

$$\varphi(x_1 + x_2) = \varphi(x_1)\varphi(x_2), \quad \varphi(0) \neq 0, \quad \varphi(1) \neq 1$$

をみたすものは，指数関数 $y = a^x$ に限る (第 4 講 Tea Time 参照：そこでの付帯条件 $\varphi(0) \neq 0$ に，さらにここでは $\varphi(1) \neq 1$ も加えてある)．

このように一般の指数関数 $y = a^x$ は，実数 $\boldsymbol{R}$ のもつ加法の相を正の実数 $\boldsymbol{R}^+$ のもつ乗法の相へと移す，非常に特徴的な性質をもつ関数となっている．

指数関数の微分可能性

『微分・積分30講』を読まれた方は，$y = a^x$ のグラフに接線が引けるということを仮定した上で，解析学における最も基本的な数 (自然対数の底)
$$e = 2.71828182845\cdots$$
を導き出したことを覚えておられるかもしれない．その導き方は，$y = a^x$ という関数の中で，特に $x = 0$ のときの接線の傾きが 1 となるもの，すなわち

$$\lim_{h \to 0} \frac{e^h - 1}{h} = 1 \qquad (1)$$

をみたす数として，e を導いたのであった．

しかし改めて考え直してみると，グラフを見る限りまったく自明と思える仮定 '$y = a^x$ のグラフに接線が引ける' を厳密に証明するには，どうしたらよいのだろうかということが問題になってくる．いいかえれば，$y = a^x$ の微分可能性をいかに示すのか，ということが数学的には問題になるのである．

この問題は，(1) の右辺の極限が存在するかということと，実は同値なのである．実際 (1) を仮定すると
$$(e^x)' = \lim_{h \to 0} \frac{e^{x+h} - e^x}{h} = e^x \lim_{h \to 0} \frac{e^h - 1}{h} = e^x$$
となって，e^x は至るところ微分可能な関数となることがわかる．したがってまた
$$a^x = e^{x \log a}$$
も，微分可能な関数となる (なお，この等式が成り立つことは両辺の対数をとってみるとわかる).

指数法則と連続性から可微分性を導く

指数関数は指数法則をみたす関数として特性づけられているのだから，それでは，指数法則を用いて，直接 $y = a^x$ の微分可能性を証明することができそうである．しかし，この種の証明は，私がいままで見てきた解析の教科書には載せられていなかった．本書の執筆に当って，私自身この証明を試みたのだが成功しなかったのである．たまたま，東京工業大学教授の藤原大輔さんにお会いする機会

があって，この問題をお話したところ，藤原さんは即日，この解答を見出され，私に書き送ってくださった．

以下で，指数法則から，指数関数 $y = a^x$ の微分可能性を示す，藤原教授のエレガントな証明を述べておく．

指数関数 $y = a^x$ $(a > 0, a \neq 1)$ の連続性は既知とする．このとき
$$S(x) = \int_0^x a^x dx$$
は，微分可能な関数である (第 21 講)．このとき
$$S(x+1) - S(x) = a^x S(1)$$
が成り立つ．実際，指数法則によって
$$\begin{aligned}S(x+1) - S(x) &= \int_x^{x+1} a^x dx \\ &= \lim_{n \to \infty} \frac{1}{n} \sum_{k=1}^n a^{x + \frac{k}{n}} \quad &\text{(積分の定義)} \\ &= a^x \lim_{n \to \infty} \frac{1}{n} \sum_{k=1}^n a^{\frac{k}{n}} \quad &\text{(指数法則！)} \\ &= a^x \int_0^1 a^x dx = a^x S(1)\end{aligned}$$
したがって
$$a^x = \frac{1}{S(1)}(S(x+1) - S(x))$$
となる．$S(x)$ は微分可能な関数だったから，a^x も微分可能である．これで指数関数 $y = a^x$ の微分可能性が証明された． ∎

微分方程式による指数関数の定義

指数法則から，指数関数を導入するのとは別に，指数関数をまったく別の流儀で定義する方法もある．その 1 つの方法は微分方程式を用いるものである．すなわち

> $\dfrac{dy}{dx} = y$ の解で，$y(0) = 1$ となるものを $y = e^x$ で表わす．

この定義には多少のコメントが必要である．微分方程式 $\dfrac{dy}{dx} = y$ の右辺の関数 y は，全平面で明らかにリプシッツの条件をみたしている．したがって，前講の

定理 (Tea Time も参照) から，すべての x に対して定義された解で，$y(0) = 1$ をみたすものがただ 1 つ存在する．それを e^x とおこうというのである．

このようにして定義した関数 e^x は，何度微分しても e^x であり，したがって C^∞-級の関数である．第 11 講での指数関数がテイラー展開可能であることの証明をそのまま適用して，テイラー展開

$$e^x = 1 + \frac{x}{1!} + \frac{x^2}{2!} + \cdots + \frac{x^n}{n!} + \cdots$$

がすべての実数 x に対して成り立つことがわかる．

このベキ級数展開を用いて，指数法則

$$e^{x_1 + x_2} = e^{x_1} e^{x_2}$$

を示すことができる．したがってこのように微分方程式を経由して得られた関数 e^x は，ふつうの指数関数と一致している．

ベキ級数による定義

指数関数をはじめからベキ級数で定義して進む道もある．すなわち

> ベキ級数
> $$1 + \frac{x}{1!} + \frac{x^2}{2!} + \cdots + \frac{x^n}{n!} + \cdots$$
> の表わす関数を e^x と定義する．

この定義の仕方は最も簡明であるが，このベキ級数の収束域が $\boldsymbol{R}$ 全体であることや，ベキ級数は収束域の中では微分可能な関数を表わしていることなどは，あらかじめ証明しておかなくてはならない．

定積分による定義

定積分を用いて指数関数を定義する方法もある．それには，関数

$$y = \frac{1}{t}$$

の定積分を用いるのである．指数関数とその微分を知っていれば，逆関数である対数関数の性質もわかって

$$\int_1^x \frac{1}{t}dt = \log x$$

は，よく知られた公式となるのであるが，私たちの立場では，指数関数はまだ定義されていないのだから，$\int \frac{1}{t}dt$ はどのような関数となるかはわかっていない．

しかし
$$\lim_{x \to 0+0} \int_1^x \frac{1}{t}dt = -\infty, \quad \lim_{x \to +\infty} \int_1^x \frac{1}{t}dt = +\infty$$
はわかる．

たとえば 2 番目の式はまず $\int_1^x \frac{1}{t}dt$ が x について単調増加のことに注意する．次に図 61 から
$$\int_1^n \frac{1}{t}dt > \frac{1}{2} + \frac{1}{3} + \cdots + \frac{1}{n} \tag{2}$$
であるが，一方

$$\frac{1}{2} + \frac{1}{3} > \frac{1}{4} + \frac{1}{4} = \frac{1}{2}$$
$$\frac{1}{4} + \frac{1}{5} + \frac{1}{6} + \frac{1}{7} > \frac{1}{8} + \frac{1}{8} + \frac{1}{8} + \frac{1}{8} = \frac{1}{2}$$
$$\cdots \cdots$$

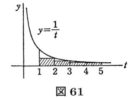

図 61

を用いると，(2) の右辺が $\to +\infty$ となることがわかるからである．

そこで
$$x = \int_1^{\varphi(x)} \frac{1}{t}dt$$
とおくことにより，関数 $\varphi(x)$ を定義する．この定義の意味は，図 62 を見た方がわかりやすい．関数 $\varphi(x)$ はすべての実数 x に対して定義されていて，さらに単調増加である．x がどんどん大きくなるとき，1 から x までの $\frac{1}{t}$ のグラフのつくる面積の増加の割合は急速に減少してくる．このことは，たとえば，x が

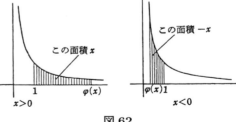

図 62

100 から 101 まで動くとき，$\varphi(x)$ の方は，$\varphi(100)$ から $\varphi(101)$ まで動くが，$\varphi(100)$ と $\varphi(101)$ の長さは，恐ろしいほど大きな数になっていることを予想させる．

任意に 2 つの実数 x_1, x_2 をとると，この φ に対して '指数法則'

$$\varphi(x_1 + x_2) = \varphi(x_1)\varphi(x_2)$$

が成り立つ．

【証明】

$$\begin{aligned} x_1 + x_2 &= \int_1^{\varphi(x_1)} \frac{1}{t}dt + \int_1^{\varphi(x_2)} \frac{1}{t}dt \\ &= \int_1^{\varphi(x_1)} \frac{1}{t}dt + \int_{\varphi(x_1)}^{\varphi(x_1)\varphi(x_2)} \frac{\varphi(x_1)}{s}\frac{1}{\varphi(x_1)}ds \quad (s = \varphi(x_1)t \text{ 変数変換！}) \\ &= \int_1^{\varphi(x_1)\varphi(x_2)} \frac{1}{t}dt \end{aligned}$$

この右辺は定義から $\int_1^{\varphi(x_1+x_2)} \frac{1}{t}dt$ である．したがって $\varphi(x_1+x_2) = \varphi(x_1)\varphi(x_2)$ が成り立つ． ∎

$\varphi(x)$ が連続であることは容易にわかる．したがって $\varphi(x)$ は，ある数を底とする指数関数となっているのである．

$$\boxed{\varphi(x) = e^x \text{ と定義する．}}$$

この定義が妥当なものであることを見るためには，$\varphi(x)$ が微分可能であって，$\varphi'(x) = \varphi(x)$ が成り立つことを示せばよい．この証明は次のようにする．

$$\begin{aligned} h = (x+h) - x &= \int_1^{\varphi(x+h)} \frac{1}{t}dt - \int_1^{\varphi(x)} \frac{1}{t}dt \\ &= \int_{\varphi(x)}^{\varphi(x+h)} \frac{1}{t}dt \end{aligned}$$

ここで，簡単のため $h > 0$ とし，第 21 講 '準備的な注意' を参照して，$\frac{1}{t}$ が単調減少のことに注意すると，

$$\frac{1}{\varphi(x+h)}(\varphi(x+h) - \varphi(x)) \leq \int_{\varphi(x)}^{\varphi(x+h)} \frac{1}{t}dt \leq \frac{1}{\varphi(x)}(\varphi(x+h) - \varphi(x))$$

この真中の式が h に等しいのだから，少し式を変形すると

$$\varphi(x+h) \geq \frac{\varphi(x+h) - \varphi(x)}{h} \geq \varphi(x)$$

が得られる．φ は連続だから，ここで $h \to 0$ とすると

$$\varphi'(x) = \varphi(x)$$

が示された．

この定義は，定積分を知っていれば，指数関数を導入するのに，比較的自然なものかもしれない．$\frac{1}{t}$ という関数を，時間 t における自動車の速度を表わすと考えれば，$\varphi(x)$ という関数は，$t=1$ から出発した自動車が，距離 x だけ進むのに要した時間を x の関数として示しているものである．東京から京都まで (480 km)，時速 90 km で車を走らすとき，何時間かかるか，東京から大阪まで (520 km) なら何時間かかるかと考えることは日常的なことだから，そのように考えれば，$\varphi(x)$ の導入の仕方も，常識的な範囲にあるといってよいだろう．

なお，この定義では，$y=\frac{1}{t}$ という関数 (反比例！) の中に，実数の乗法的な相が隠されているのである．

e という数の導入

このような指数関数の導入の仕方は，それぞれにはっきりした意味をもっているが，このような定義では微分方程式か，ベキ級数か，定積分か，いずれかのことを知らないうちは，指数関数を導入できないことになる．

ふつう解析入門においては指数関数をいかに直接的に導入するか，すなわち e という数をいかに直接的に導入するかという問題から出発する．そのため，ふつうは何の説明もないまままったくやみくもに，実数 e を

$$e = \lim_{n \to \infty} \left(1 + \frac{1}{n}\right)^n \tag{3}$$

と定義して，読者を当惑させるのである．この定義にもすでに極限概念が入っていることに注意してほしい．ただここでは，極限概念が微分方程式や定積分のように完成された形式の中ではなくて，いわばそのままの形で入っているので '解析入門' の第 1 章におくことができるのであろう．

(3) の右辺の極限値が存在することは次のようにしてわかる．二項定理により

$$\left(1+\frac{1}{n}\right)^n = 1 + \frac{n}{1!}\frac{1}{n} + \frac{n(n-1)}{2!}\frac{1}{n^2} + \frac{n(n-1)(n-2)}{3!}\frac{1}{n^3} + \cdots + \frac{1}{n^n}$$

$$= 1 + 1 + \frac{1-\frac{1}{n}}{2!} + \frac{\left(1-\frac{1}{n}\right)\left(1-\frac{2}{n}\right)}{3!} + \cdots + \frac{\left(1-\frac{1}{n}\right)\cdots\left(1-\frac{n-1}{n}\right)}{n!}$$

となるが，ここで n の代りに $n+1$ をおくと，各項は大きくなって，さらに項数が 1 つ増える．したがって

$$\left(1+\frac{1}{n}\right)^n < \left(1+\frac{1}{n+1}\right)^{n+1} \quad (n=1,2,\ldots)$$

となる.ゆえに
$$a_n = \left(1+\frac{1}{n}\right)^n$$

とおくと,$a_1 < a_2 < \cdots < a_n < \cdots$ となるが,上の展開から
$$a_n < 1+1+\frac{1}{2!}+\frac{1}{3!}+\cdots+\frac{1}{n!} < 1+1+\frac{1}{2}+\frac{1}{2^2}+\cdots+\frac{1}{2^{n-1}} < 3$$

したがって数列 $\{a_n\}$ は,有界な単調増加数列となり,この極限値は存在する (第 2 講参照).それを e とおくのである.

e をなぜ (3) のように定義したかについては,雨宮一郎『微積分への道』(岩波書店) に,1 つの経緯が詳しく述べられている.

e をこのように定義すると,e^x の可微分性,したがって極限値 (1) の存在がどのように示されるかについては Tea Time で述べることにしよう.

Tea Time

 e の定義から e^x の可微分性まで

e を (3) のように定義したところから話を始めよう.この (3) の極限値は,$n=1,2,3,\ldots \to \infty$ と飛び石伝いに求められている.これを連続的な変数 x におきかえて
$$e = \lim_{x \to +\infty}\left(1+\frac{1}{x}\right)^x \tag{4}$$

を示したい.それには $n \leqq x < n+1$ のとき成り立つ次の不等式
$$\left(1+\frac{1}{n+1}\right)^n < \left(1+\frac{1}{x}\right)^x < \left(1+\frac{1}{n}\right)^{n+1}$$

すなわち
$$\frac{\left(1+\dfrac{1}{n+1}\right)^{n+1}}{1+\dfrac{1}{n+1}} < \left(1+\frac{1}{x}\right)^x < \left(1+\frac{1}{n}\right)^n\left(1+\frac{1}{n}\right)$$

を用いる.$n \to \infty$ とすると,$\dfrac{1}{n+1}, \dfrac{1}{n} \to 0$ となるから,(3) により不等式の両側にある式は,$n \to \infty$ のとき e に近づく.したがって挟まれた形で,$x \to \infty$ のと

き (4) が成り立つことがわかる．

さてこの結果を用いて，(1) の極限値が存在することを示そう．簡単のため，h が正の方向から近づく場合だけを考え，このとき $\lim_{h \to 0} \frac{e^h - 1}{h} = 1$ を示す．

$h > 0$ により，$e^h > 1$．したがって

$$e^h = 1 + \frac{1}{t} \tag{5}$$

とおくことができる (ここでも $\frac{1}{t}$ がさりげなく出てきている！)．$h \to 0$ のとき，$e^h \to 1$ (指数関数の連続性) であり，したがって $t \to +\infty$ となる．

(5) の両辺の対数をとると

$$h = \log\left(1 + \frac{1}{t}\right)$$

となり，

$$\frac{e^h - 1}{h} = \frac{\frac{1}{t}}{\log\left(1 + \frac{1}{t}\right)} = \frac{1}{\log\left(1 + \frac{1}{t}\right)^t}$$

ゆえに

$$\lim_{h \to 0} \frac{e^h - 1}{h} = \lim_{t \to \infty} \frac{1}{\log\left(1 + \frac{1}{t}\right)^t} = \frac{1}{\log e} \quad \text{(対数関数の連続性と (4))}$$

$$= 1$$

これで (1) が証明された．これがいえれば，指数法則から e^x の可微分性が得られることは，すでに述べてある．

第24講

2変数の関数と偏微分

テーマ
- ◆ 2変数の関数
- ◆ 2点間の距離
- ◆ 関数の定義域
- ◆ 領域,閉領域
- ◆ 2変数関数としての連続性
- ◆ 各変数に対する連続性との違い
- ◆ 偏微分可能性
- ◆ 偏導関数

2変数の関数

いままでは,数直線上で定義された関数 $y=f(x)$ を主に取り扱ってきた.数直線上で変数 x が動くとき,f によって x に対応する y の値はさまざまに変わる.この変化の模様を,微積分を用いていろいろな角度から調べるというのが,前講までの主要なテーマであった.

これからは,座標平面上で定義された関数

$$z = f(x, y) \tag{1}$$

を考える.ここで f の中の (x, y) は,x も y もともに自由に変わりうるという意味で,f は2変数の関数である(それに対していままで扱ってきた関数を1変数の関数という).f の中にある変数 (x, y) は,平面上の座標 (x, y) をもつ点 $\mathrm{P}(x, y)$ を動くと考えることにする.そうすると,(1)は図63で示すようにグラフ表示が可能となる.z は,

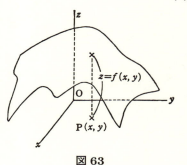

図63

座標平面上の'高さ'によって表示されている．

日常的な例としては，(x, y) を地図上の点としたとき (x, y) における山の高さ z を対応させる対応がある．また数学的な式を用いて表わされた

$$z = x^2 + y^3, \quad z = \sin xy, \quad z = 5x^3 y - 2e^x y^6$$

などはもちろん 2 変数の関数の例を与えている．

2 点間の距離

平面上の 2 点 $P(x, y)$, $Q(x', y')$ の距離は

$$d(P, Q) = \sqrt{(x - x')^2 + (y - y')^2} \tag{2}$$

で与えられている．この距離によって，点列 $\{P_n\}$ $(n = 1, 2, \ldots)$ が点 P に近づくということを

$$d(P_n, P) \longrightarrow 0 \quad (n \to \infty)$$

によって定義することができる．

(2) 式を見ると

$$|x - x'|, |y - y'| \leqq d(P, Q) \leqq \sqrt{2} \operatorname{Max}\{|x - x'|, |y - y'|\}$$

が成り立つことがわかる．

左側の不等式は，(2) 式で $(y - y')^2$ を 0，または $(x - x')^2$ を 0 におき直すとよい．右側の不等式は，もし $|x - x'| \geqq |y - y'|$ ならば，$(y - y')^2$ を $(x - x')^2$ におき直すとよい．

この関係式から

$$\boxed{P_n(x_n, y_n) \longrightarrow P(x, y) \iff x_n \to x, \quad y_n \to y}$$

が成り立つことがわかる．したがって'近づく'という性質に関する各座標成分のもつ連続性が，そのまま平面の点の連続性に移されていくことになる．

関数の定義域

1 変数の関数 $y = f(x)$ を考えるときは，定義域としては，主に閉区間か開区間，または $\boldsymbol{R}$ 全体を考えていた．2 変数の関数 $z = f(x, y)$ になると，定義域と

して考える範囲は，ずっとヴァラエティに富んでくる．

私たちは図64の(I)〜(V)で示されたような図形も関数の定義域として採用しておきたい．(I), (II), (III)は領域とよばれるものの例であり，(IV), (V)は閉領域とよばれているものの例である．

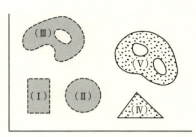

図64

平面の部分集合 D が領域であるとは，D が開集合でかつ連結となっているときである．

D が開集合とは，任意に D の点 P をとったとき，十分小さい正数 ε をとると，P の ε 近傍 $V_\varepsilon(P) = \{Q \mid d(P, Q) < \varepsilon\}$ が D に含まれていることである．

また D が連結であるとは，D が2つの共通点のない開集合 $(\neq \phi)$ の和に分かれないことである．

D が領域のとき，D の内部の点列から近づけるような点をすべて D につけ加えたものを閉領域という．

領域 D が，原点を中心とする十分大きな円の内部に含まれているとき，D は有界であるという．有界な閉領域も同様に定義する．

連続関数

領域 D で定義された関数 $z = f(x, y)$ を考えよう．$f(x, y)$ が D の1点 $P(a, b)$ で連続であるということを，第6講で述べた1変数関数のときにならって

$f(x, y)$ が $P(a, b)$ で連続
$\iff$ どんな正数 ε をとっても，ある正数 δ で
$$d(Q(x, y), P(a, b)) < \delta \Longrightarrow |f(x, y) - f(a, b)| < \varepsilon$$
を成り立たせるものが存在する

と定義する．このことを簡単に

$$P(x, y) \longrightarrow P(a, b) \Longrightarrow f(x, y) \longrightarrow f(a, b) \tag{3}$$

と表わす．

1 変数関数のときには，特に述べなかったが，この定義は次のようにいっても同じことであることが知られている．

> $P(a,b)$ に近づく任意の点列 $P_n(x_n, y_n)$, $(n=1,2,\ldots)$ に対して，必ず
> $$f(x_n, y_n) \longrightarrow f(x,y) \quad (n \to \infty)$$
> が成り立つ．

関数 $f(x,y)$ が領域 D の各点で連続のとき，f は D 上で連続な関数であるという．閉領域で定義された関数が連続であることも，同様に述べることができる．

第 6 講で，閉区間 $[a,b]$ で定義された連続関数は，必ず最大値，最小値をとることを証明した．そのとき基本となるのは実数の連続性であった．上に述べたように，数直線上の点列が'近づく'という性質に反映している．そのことから，第 6 講で述べた定理に対応して，次の定理が成り立つことがわかる (証明も同様にできる)．

【定理】 有界な閉領域で定義された連続関数は有界であって，最大値，最小値をとる．

連続性についての注意

上に与えた 2 変数関数の連続性の定義は明快なものであって，注意することなど何もないように見える．しかしこの定義にも見落しがちな点があるのである．

たとえば次のような問題があったとしよう．

「$z = \sin(2x^2 y + y^3)$ が連続であることを定義に戻って示せ」

このとき，かなりの人は，この右辺の関数は y をとめて考えれば x について連続であり，また x をとめて考えれば y について連続である．だから z は (x,y) について連続な関数であると結論してしまう．これは連続の定義の (3) の代りに

$$\begin{cases} f(x,b) \longrightarrow f(a,b) & (x \to a) \\ f(a,y) \longrightarrow f(a,b) & (y \to b) \end{cases} \tag{4}$$

を示したことになっている.

しかし (4) は (3) に比べれば, ずっと少しのことしか要請していない. (4) でいっていることは, 図 65 でいえば矢印 (実線) で示したところから P(a,b) に近づくときの連続性だけである. 一方, (3) は破線で示したような, P(a,b) に近づくすべての近づき方に対しての連続性を要求している.

実際, (4) が成り立っても連続でないような関数, すなわち (3) が成り立たないような

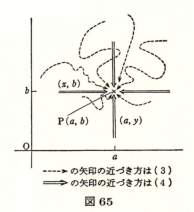

図 65

関数の例はたくさん存在するのである. したがって連続性の定義を (4) でおき直すわけにはいかない. ここでは (4) は成り立つが連続ではないような 1 つの例をあげておこう.

【例】
$$f(x,y) = \begin{cases} \dfrac{xy}{x^2+y^2}, & (x,y) \neq (0,0) \\ 0, & (x,y) = (0,0) \end{cases} \tag{5}$$

とおく. $f(x,y)$ は原点以外では連続であることが示されるが, 原点では連続でない. 原点で連続でないことは次のようにしてわかる. 点 (x,y) が原点を通る傾き m の直線 $y = mx$ に沿って, 原点に近づくとする. このとき $y = mx$ ($x \to 0$) であり, したがって (5) に代入して

$$f(x,mx) = \frac{mx^2}{x^2 + m^2 x^2} = \frac{m}{1+m^2}$$

$m \neq 0$ のとき, この右辺は 0 でない定数だから, $f(x,mx)$ はこの直線に沿っては, $x \to 0$ のときけっして 0 ($= f(0,0)$) に近づかない. このことは, f が原点で連続でないことを示している.

しかし, 原点で, (4) は成り立つのである. 実際,
$$f(x,0) = 0, \quad f(0,y) = 0$$
だから, $x \to 0$, または $y \to 0$ のとき
$$f(x,0) \to f(0,0), \quad f(0,y) \to f(0,0)$$

は成り立っているのである．図66でこの状況を示しておいた．

偏微分可能な関数

2変数の関数 $z = f(x, y)$ に対して微分の考えを導入しようと思うとき，誰でも最初に考えるのは，x について微分し，また y について微分するという2通りの微分を考えることであろう．x について微分するときは y は定数と思い，y について微分するときは x は定数と思うのである．

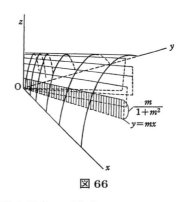

図 66

たとえば

	x について微分	y について微分
$f(x, y) = x^2 y + x$	$2xy + 1$	x^2
$g(x, y) = 5\sin x + 2\cos y$	$5\cos x$	$-2\sin y$
$h(x, y) = e^x \sin y$	$e^x \sin y$	$e^x \cos y$

このように，y を定数と思って x についてだけ微分することを $\dfrac{\partial}{\partial x}$ の記号で表わす．そして x について偏微分するという．同様に x を定数と思って y についてだけ微分することを $\dfrac{\partial}{\partial y}$ の記号で表わす．そして y について偏微分するという．

この記号を使うと，上の結果はそれぞれ順に

$$\frac{\partial f}{\partial x} = 2xy + 1, \quad \frac{\partial f}{\partial y} = x^2$$

$$\frac{\partial g}{\partial x} = 5\cos x, \quad \frac{\partial g}{\partial y} = -2\sin y$$

$$\frac{\partial h}{\partial x} = e^x \sin y, \quad \frac{\partial h}{\partial y} = e^x \cos y$$

と表わされる．

定義の形で，一般的に述べれば次のようになる．

【定義】 1点 (a, b) で次の極限値が存在するとき，関数 $f(x, y)$ は (a, b) で偏微

分可能であるという：

$$\frac{\partial f}{\partial x}(a,b) = \lim_{h \to 0} \frac{f(a+h,b) - f(a,b)}{h}$$

$$\frac{\partial f}{\partial y}(a,b) = \lim_{h \to 0} \frac{f(a,b+h) - f(a,b)}{h}$$

$\frac{\partial f}{\partial x}(a,b)$ を点 (a,b) における x についての f の偏微分係数, $\frac{\partial f}{\partial y}(a,b)$ を y についての偏微分係数という．

また f の定義域 D の各点で偏微分可能のとき，f は D で偏微分可能の関数といい，このとき，関数

$$\frac{\partial f}{\partial x}(x,y), \quad \frac{\partial f}{\partial y}(x,y)$$

を f の x についての偏導関数, y についての偏導関数という．

偏微分についての注意

$z = f(x,y)$ のグラフを，曲面の形で図67, 図68のようにかいておく．$x=a$, $y=b$ のときの曲面上の点を P とおく．このとき, $\frac{\partial f}{\partial x}(a,b)$ は，図67では, 点 P を通る xz 平面に平行な平面でこの曲面を切ったとき，切り口に現われる曲線の，P における接線の傾きを示している．

対応して, $\frac{\partial f}{\partial y}(a,b)$ は, yz 平面に平行な平面でこの曲面を切ったとき，切り口に現れる曲線の，P における接線の傾きを示している (図68).

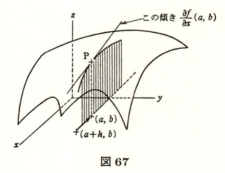

図 67

しかし, 読者は, '連続性についての注意' を思いおこされて, 2変数関数の微分の定義をこのようにしてよいのだろうかと, 疑わしく思われたのではなかろうか. なぜなら, 微分は, (a,b) の近くでの f の変動の模様を, できるだけよく表わすものであるはずなのに, 偏微分は, x 軸に平行な方向からと, y 軸に

平行な方向から近づくときの，f の変動の模様しか問題としていない．点 (a,b) に変数 $(\dot{x},y)$ が近づく近づき方は，図 65 で示したように，実に多様なのである．

この偏微分の定義は，連続関数の定義でいうならば，定義としてあまりよくなく，結局採択しなかっ

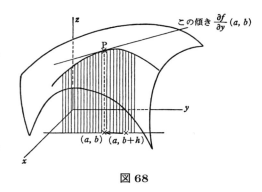

図 68

た (4) の各変数に関する連続性の方の定義に相当している．そこでの例を改めてみると (図 66)，f は原点で偏微分可能であって，

$$\frac{\partial f}{\partial x}(0,0) = 0, \quad \frac{\partial f}{\partial y}(0,0) = 0$$

のことは，すぐにわかる (それぞれの切り口は x 軸と y 軸である！)．しかし f は，原点で不連続であった．f が原点で不連続であるようなことは，ここでは微分の性質には何も反映していないのである．大体，1 変数のときを考えてみれば，微分ができて不連続であるなどということは妙なことである．

つまり，偏微分の定義は簡明で，計算も簡単だが，微分のよい定義を与えているとは，あまりいえないことが推察されるだろう．それでは，2 変数関数に対する，微分のよりよい定義とは何であろうか．それは次講で述べることにしよう．

Tea Time

質問 2 変数関数を考えるならば，同じように，3 変数，4 変数，5 変数，一般には n 変数の関数を考えることがあるのですか．またこれらは，1 つ 1 つ取扱い方が違うのでしょうか．

答 もちろん 3 変数の関数 $y = f(x_1, x_2, x_3)$ や 4 変数 $y = f(x_1, x_2, x_3, x_4)$，一般に n 変数の関数

$$y = f(x_1, x_2, \ldots, x_n)$$

を考えることもある.たとえば空間を動く点の運動を記述するには,各時間 t における点の位置を表わす3個の変数 (x_1, x_2, x_3) (座標！) が必要であり,したがってこの点によって決まる量,たとえば原点からこの点までの距離 y などは,3変数の関数として $y = f(x_1, x_2, x_3)$ と表わされる.また平面上の2点 $\mathrm{P}(x_1, x_2)$, $\mathrm{Q}(x_3, x_4)$ の運動を記述するには,4個の変数 (x_1, x_2, x_3, x_4) が必要となる.

　これら個々の関数を,できるだけ一般的な立場で取り扱おうとする数学の立場では,当然 n 変数の関数に対する一般的な理論を用意しておくことになる.1変数関数から,2変数関数へ移行するとき,この講でも述べたように,少し考える状況が変わってくる.それは,1つ1つの変数ではなく,2つの変数が同時に変わることを,どのように把握するかにかかっている.実際,微分については,この問題は,この講ではまだ十分な解答を与えていない.しかし,一度この取扱い方がわかると,今度は2変数を3変数にしても,あるいはもっと一般に n 変数にしても,議論の進め方にそれほど大きな違いはなくなってくる.したがって,ふつうの『解析入門』では,2変数関数を主に取り扱って,n 変数関数は,少し触れるに止めるというようになっている.私が思うには,この理由の1つは,n 変数にすると,記法が複雑になって内容が見えにくくなることにあり,もう1つの理由は,2変数関数では,曲面表示によってグラフが表わされたが,3変数以上の関数になるとグラフが描けなくなって,直観的な説明に窮することがあるからであろう.

第 25 講

2 変数関数の微分可能性

テーマ
- ◆ 平面の方程式
- ◆ 1 変数の場合の微分の考え (復習)
- ◆ 2 変数の場合の類似の考え——接線から接平面へ
- ◆ 2 変数関数の微分可能性
- ◆ 方向微分
- ◆ 接平面の方程式
- ◆ 微分可能でも偏導関数は連続とは限らない.
- ◆ C^1-級の関数：偏導関数が連続な関数

平面の方程式

3 次元の xyz 座標空間で考える. 空間内の 1 点 $P(a, b, c)$ をとる. 以下の説明は, 図 69 を参照しながら読まれるとよい. P を通って xz 平面に平行な平面内にある, x 軸に対して傾きが A であるような直線 L を引く. また, P を通って yz 平面に平行な平面内にある, y 軸に対して傾きが B であるような直線 L' を引く.

L と L' は, P を通る互いに直交した直線である. L と L' を, 竹か, 針金と思

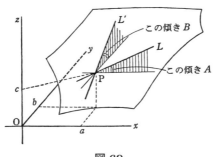

図 69

えば，ここに接着剤をつけて平らな厚紙をはることができる．数学的に述べてみたいことは，L と L' によって，P を通る 1 つの平面が決まるということである．この平面を L, L' によってはられた平面という．この平面の方程式は座標を用いて次のように表わされる．

> 点 $\mathrm{P}(a, b, c)$ を通る 2 直線 L, L' によりはられた平面の方程式は
> $$z - c = A(x - a) + B(y - b) \qquad (1)$$
> で与えられる．

すなわち，L, L' ではられている平面上の点 (x, y, z) は (1) 式をみたしているし，逆に (1) 式をみたす点 (x, y, z) はこの平面上にある．

この式の証明は省略するが，(1) 式の述べていることは，要するに，x 座標が点 P から h だけ増し，y 座標が点 Q から k だけ増して，xy 座標が $(a+h, b+k)$ になったとき，平面上の点は，P に比べて高さが
$$Ah + Bk$$
だけ増えてくるということである (図 70)．

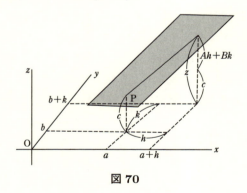

図 70

1 変数関数の微分の考え (復習)

1 変数関数 $y = f(x)$ の場合，$f(x)$ が $x = a$ で微分可能であるという定義は，すでに第 7 講で与えてある．その議論をここでもう一度，振り返ってみよう．

$f(x)$ が $x = a$ で微分可能であるということは，a で，$y = f(x)$ のグラフに接線

$$y - f(a) = f'(a)(x-a) \tag{2}$$

が引けるということである．この式は，$x = a + h$ とおくと

$$y - f(a) = f'(a)h \tag{3}$$

とかくこともできる．$f(x)$ に a で接線が引けるということは，大ざっぱにいえば，$f(a+h) - f(a) \fallingdotseq f'(a)h$ が成り立つということである．もう少し正確にいえば，h より高位の無限小を無視すると，$x = a+h$ における，f の値 $f(a+h)$ と接線の y 座標 (3) がほぼ等しいと考えてよいことである．

このような推論をたどることにより，改めて，$f(x)$ が a で微分可能であることを，ある定数 A が存在して

$$f(a+h) - f(a) = Ah + o(h) \quad (h \to 0) \tag{4}$$

が成り立つことと定義することができた（第 7 講）．

このように定義しても，A は，実は $f'(a)$ に等しくなる．読者は (3) と (4) の対応をよく見比べておいてほしい．

2 変数の場合の類似——接線から接平面へ

2 変数の場合は，グラフが曲面として表わされてくるのだから，1 変数の場合の接線に対応するものは，今度は接平面になるのではなかろうか (図 71 参照).

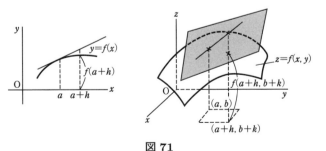

図 71

平面の方程式 (1) で，右辺の係数 A, B は，それぞれ x 方向，y 方向から点 P に近づくときの平面の傾きであった．(1) 式と，(2) の接線の式を見比べると，関数 $z = f(x, y)$ の点 (a, b) における接平面の式は，（もし存在するとすれば）それはたぶん

$$z - f(a,b) = \frac{\partial f}{\partial x}(a,b) \cdot (x-a) + \frac{\partial f}{\partial y}(a,b) \cdot (y-b)$$

になるだろうということは，大体予想される．
　x を $x+h$, y を $y+k$ におきかえると，(3) に対応する式は

$$z - f(a,b) = \frac{\partial f}{\partial x}(a,b)h + \frac{\partial f}{\partial y}(a,b)k \tag{5}$$

となる．これらはしかし，1 変数の場合との類似をたどる発見的推論である．この推論を基にして，改めて，2 変数関数の場合の微分可能性の定義を与えよう．

2 変数関数の微分可能性

　まず，xy 平面上の点 (a,b) から $(a+h, b+k)$ までの距離は
$$\sqrt{h^2 + k^2}$$
で与えられていることを最初に注意しておこう．
　(3) の式を見ながら，(4) の微分可能性の定義を得たと同様に考えれば，今度は (5) を見ながら，2 変数関数 $z = f(x,y)$ の (a,b) における微分可能性を，次のように定義することは，ごく自然なことであると考えられてくる．

【定義】　ある定数 A, B が存在して，$h, k \to 0$ のとき
$$f(a+h, b+k) - f(a,b) = Ah + Bk + o(\sqrt{h^2 + k^2}) \tag{6}$$
が成り立つとき，$f(x,y)$ は点 (a,b) で微分可能であるという．

　本によっては，微分可能の代りに，全微分可能といっている．偏微分に対して全微分なのだろうが，全微分という言葉を用いると，2 変数になると，1 変数になかった何か新しい考えが入ったようで，誤解を生じやすいのではないかと思う．
　(6) 式では，h と k が独立に動けるようになっており，したがって f が '2 変数' の関数として取り扱われていることに注意することが大切である．

> $f(x,y)$ が (a,b) で微分可能ならば，(a,b) で偏微分可能であって，
> $$A = \frac{\partial f}{\partial x}(a,b), \quad B = \frac{\partial f}{\partial y}(a,b)$$
> となる．

【証明】　(6) で $k = 0$ とおくと

$$f(a+h, b) - f(a, b) = Ah + o(h)$$

である．したがって

$$\frac{\partial f}{\partial x}(a,b) = \lim_{h \to 0} \frac{f(a+h,b) - f(a,b)}{h} = A$$

となり，f は x につき偏微分可能である．y についても同様である． ∎

点 (x, y) が，x 軸方向，y 軸方向に沿って点 (a, b) に近づくとき，微分の方では対応して $\frac{\partial f}{\partial x}(a,b)$, $\frac{\partial f}{\partial y}(a,b)$ が得られる．それでは，x 軸と角 θ をなす方向から，$(a+h, b+k)$ が (a, b) に近づくとき，どうなるかを調べてみよう．このとき $r = \sqrt{h^2 + k^2}$ とおくと，$h = r\cos\theta$, $k = r\sin\theta$ である（図72）．したがって (6) から

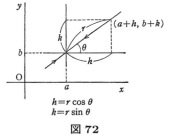

図 72

$$\lim_{r \to 0} \frac{f(a + r\cos\theta,\ b + r\sin\theta) - f(a,b)}{r}$$

$$= A\cos\theta + B\sin\theta = \frac{\partial f}{\partial x}\cos\theta + \frac{\partial f}{\partial y}\sin\theta$$

となる．これを (θ 方向からの) f の<u>方向微分</u>という．

接平面の方程式

$f(x, y)$ が (a, b) で微分可能のとき

$$\boxed{z - f(a,b) = \frac{\partial f}{\partial x}(a,b) \cdot (x - a) + \frac{\partial f}{\partial y}(a,b) \cdot (y - b)}$$

を，(a, b) における $z = f(x, y)$ の<u>接平面の方程式</u>という．

微分可能な関数の連続性

$$\boxed{f(x, y) \text{ が } (a, b) \text{ で微分可能ならば，} (a, b) \text{ において連続である．}}$$

これは，(6) において，$h \to 0$, $k \to 0$ とすると，右辺は 0 に近づくから，したがって

$$f(a+h, b+k) \longrightarrow f(a,b) \quad (h, k \to 0)$$

が結論されるからである．

偏微分可能性だけでは，必ずしも連続性を導かれなかったこと (前講, 例) を思い出しておこう.

領域における微分可能な関数

$f(x,y)$ が領域 D で定義されて，D の各点で微分可能のとき，f は D で微分可能な関数であるという．このとき, D で定義された偏導関数

$$\frac{\partial f}{\partial x}, \quad \frac{\partial f}{\partial y}$$

を考えることができる．すぐ上に示したことから，f 自身は D で連続な関数である．しかしこれらの偏導関数は，もはや一般には連続とは限らないことを注意しておこう.

微分可能であるが，偏導関数が連続とならない，最も簡単な例は次のようにして得られる．1 変数関数 $\varphi(x)$ で，微分可能ではあるが，$\varphi'(x)$ は連続でないような例はたくさん存在している (たとえば $\varphi(x) = x^2 \sin \frac{1}{x}$ $(x \neq 0)$; $\varphi(0) = 0$ とおくと，φ はそのような関数となる．$\varphi'(x)$ は原点で不連続！)．このとき

$$f(x,y) = \varphi(x)$$

とおくと，2 変数の関数として $f(x,y)$ は微分可能であるが，$\frac{\partial f}{\partial x}(x,y) = \varphi'(x)$ は連続でない.

一般に与えられた関数が，微分可能かどうか，定義に従って確かめるのは難しいことがある．微分可能の定義は，上の説明から，自然なものであることがわかったと思うが，たとえば $\sin x^3 y^5$ が微分可能かどうかと聞かれたら，定義に戻ってこのことを調べるのは大変なことであろう.

実際の応用上では，C^1-級という概念を経由して，微分可能性を確かめることが多い.

【定義】 領域 D で定義された関数 $f(x,y)$ が，各点で偏微分可能であって，偏導関数

$$\frac{\partial f}{\partial x}, \quad \frac{\partial f}{\partial y}$$

が D で連続な関数のとき，f を $\underline{C^1\text{-級}}$ の関数であるという．

上に述べたように，$f(x,y)$ が微分可能であっても必ずしも C^1-級とは限らない．しかし C^1-級ならば微分可能となることが結論できる．すなわち

> C^1-級の関数 $f(x,y)$ は，D で微分可能である．

たとえば上にあげた例 $f(x,y) = \sin x^3 y^5$ は偏微分可能であって，
$$\frac{\partial f}{\partial x} = 3x^2 y^5 \cos x^3 y^5, \quad \frac{\partial f}{\partial y} = 5x^3 y^4 \cos x^3 y^5$$
は連続関数だから，f は微分可能である．

上の命題は1変数関数の場合の平均値の定理を用いて示される．完全な証明を述べることは省略するが，考えの筋道だけは示しておこう．

$f(x,y)$ を D で C^1-級の関数とする．(a,b) を D 内の1点とする．このとき
$$\begin{aligned}f(a+h, b+k) - f(a,b) &= f(a+h, b+k) - f(a, b+k) \\ &\quad + f(a, b+k) - f(a,b)\end{aligned}$$
$$= \frac{\partial f}{\partial x}(a+\theta_1 h, b+k) \cdot h + \frac{\partial f}{\partial y}(a, b+\theta_2 k) \cdot k \quad (0 < \theta_1, \theta_2 < 1)$$

2番目の式から3番目の式に移るとき，各変数に関する平均値の定理を用いた．$\dfrac{\partial f}{\partial x}, \dfrac{\partial f}{\partial y}$ の連続性から，この最後の式と
$$\frac{\partial f}{\partial x}(a,b) \cdot h + \frac{\partial f}{\partial y}(a,b) \cdot k$$
との差は，$\sqrt{h^2 + k^2}$ より高位の無限小であることがわかる．したがって，$f(x,y)$ が (a,b) で微分可能であることが結論される．

Tea Time

質問 1変数の場合，微分の定義のすぐあとに，ロルの定理，平均値の定理と続いて，特に平均値の定理の重要性を強調されていたように思いました．2変数関数の場合にも，平均値の定理に相当するような新しい定理はあるのでしょうか．
答 2変数関数の場合にも平均値の定理とよばれるものはあるが，それは本質的

には, 1変数の場合の平均値の定理を用いるものであって, まったく新しいタイプの平均値の定理が2変数になって登場してくるということはないのである. 以下で少しこのことを説明してみよう.

1変数の場合, 平均値の定理とは $f(a)$ と $f(a+h)$ の違い, すなわち $f(a+h)-f(a)$ を, a と $a+h$ の間の導関数 $f'(x)$ のある値を用いて表わすことであった.

2変数の場合, 対応する問題は $f(a,b)$ と $f(a+h, b+k)$ の差を, 2点 $P(a,b)$, $Q(a+h, b+k)$ の間の f の偏導関数のある値によって表わせということになるだろう. ところが, 2点 P, Q の間の点とは, P と Q を結ぶ線分上の点と考えると, この線分上の点 (x,y) は, パラメータ t $(0 \leqq t \leqq 1)$ によって

$$x = a + th, \quad y = b + tk$$

と表わされる. $t=0$ のとき P であり, $t=1$ のとき Q である. したがって

$$F(t) = f(a+th, b+tk)$$

とおくと, F は関数 f を線分 PQ 上

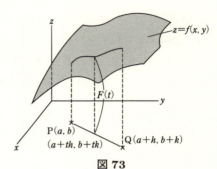

図 73

に限って考えたことになっている (図73). 平均値の定理を F に使うと, ある θ, $0 < \theta < 1$ が存在して

$$F(1) - F(0) = F'(\theta) \qquad (*)$$

となる.

一方 $F'(t) = \frac{\partial f}{\partial x} \cdot h + \frac{\partial f}{\partial y} \cdot k$ である (次講参照). したがって $F(1) = f(a+h, b+k)$, $F(0) = f(a,b)$ に注意すると $(*)$ を f でかき直して

$$\boxed{\begin{aligned} f(a+h, b+k) - f(a,b) &= \frac{\partial f}{\partial x}(a+\theta h, b+\theta k) \cdot h \\ &+ \frac{\partial f}{\partial y}(a+\theta h, b+\theta k) \cdot k \quad (0 < \theta < 1) \end{aligned}}$$

となる. これが2変数の場合の平均値の定理とよばれているものである.

第26講

C^r-級の関数

テーマ
- ◆ C^1-級の関数
- ◆ 変数変換の公式
- ◆ C^2-級の関数
- ◆ 偏微分の順序変換の可能性 (C^2-級の関数！)
- ◆ C^3-級，一般に C^r-級の関数
- ◆ テイラーの定理
- ◆ (Tea Time) 2変数関数の極大，極小

C^1-級の関数

　前講で述べたことを要約すると次のようになる．まず偏微分可能性についていうと，具体的な形で関数が与えられたとき，この関数の偏微分可能性は，各変数を微分してみることにより，計算で容易に確かめられる．だが，この偏微分可能性という概念は，微分という立場から見るときにはなお十分なものではない．

　他方，微分可能性は，定義の趣旨はよく理解できるとしても，実際の例でこの定義を確かめてみることは容易なことではない．

　この中間にある最も適当な関数の類として，C^1-級の関数があった．与えられた関数が C^1-級かどうかを見るには，まず偏微分して偏導関数を求め，次にこの偏導関数が連続であるかどうかを調べるとよい．前講で示したように C^1-級の関数は微分可能である．

　C^1-級の関数の概念構成の中にある'うまさ'は，まず x 軸方向，y 軸方向という特定の方向から近づいて微分を行なった上で，次にこのようにして得られた偏導関数の連続性に注目することによって，結局はいろいろな方向から近づくときの，関数の変動の仕方を考慮している点にある．

これからは，微分可能な関数より，概念としては少し狭いのだが，C^1-級の関数を取り扱う．そしてこの方がはるかに実際的である．

変数変換の公式

C^1-級の関数については，変数変換の公式など，微分演算についての規則が，すべてスムースに運ぶ．たとえば次の公式が成り立つ．

$z = f(x,y) : x = \varphi(u,v),\ y = \psi(u,v)$ はすべて C^1-級の関数とする．

このとき合成関数

$$z = f(\varphi(u,v),\ \psi(u,v))$$

は C^1-級の関数であって

$$\frac{\partial f}{\partial u} = \frac{\partial f}{\partial x}\frac{\partial \varphi}{\partial u} + \frac{\partial f}{\partial y}\frac{\partial \psi}{\partial u}$$

$$\frac{\partial f}{\partial v} = \frac{\partial f}{\partial x}\frac{\partial \varphi}{\partial v} + \frac{\partial f}{\partial y}\frac{\partial \psi}{\partial v}$$

これを示すには，$f(\varphi(u,v),\ \psi(u,v))$ が，u,v について偏微分可能であって，$\frac{\partial f}{\partial u},\ \frac{\partial f}{\partial v}$ が上のように表わされることさえ示せばよい．このとき仮定から，f,φ,ψ は C^1-級だから，$\frac{\partial f}{\partial u},\ \frac{\partial f}{\partial v}$ が連続となって，f が C^1-級であることがわかる．

$f(\varphi(u,v),\ \psi(u,v))$ の u についての偏微分可能性だけ調べてみよう．そのため，uv 平面の (φ,ψ の定義域にある) 1 点 (a,b) に注目する．まず $h \to 0$ のとき

$$\varphi(a+h,b) - \varphi(a,b) \longrightarrow 0,\quad \psi(a+h,b) - \psi(a,b) \longrightarrow 0$$

を注意しておく．

f が微分可能だから

$$\Delta = f(\varphi(a+h,b),\ \psi(a+h,b)) - f(\varphi(a,b),\ \psi(a,b))$$

$$\sim \frac{\partial f}{\partial x}\cdot(\varphi(a+h,b) - \varphi(a,b)) + \frac{\partial f}{\partial y}\cdot(\psi(a+h,b) - \psi(a,b))$$

(記号 $\sim$ は h より高位の無限小を除いて成り立つことを示す)

ここで，φ, ψ が C^1-級で，したがって偏微分可能のことを用いると

$$\Delta \sim \frac{\partial f}{\partial x}\frac{\partial \varphi}{\partial u}h + \frac{\partial f}{\partial y}\frac{\partial \psi}{\partial u} \cdot h \tag{1}$$

となる．この右辺の第 1 項は，ていねいにかくと

$$\frac{\partial f}{\partial x}(\varphi(a,b), \psi(a,b)) \cdot \frac{\partial \varphi}{\partial u}(a,b) \cdot h$$

であることを注意しておこう．(1) から $h \to 0$ とすると

$$\lim_{h \to 0} \frac{\Delta}{h} = \frac{\partial f}{\partial u}$$

は存在して

$$\frac{\partial f}{\partial u} = \frac{\partial f}{\partial x}\frac{\partial \varphi}{\partial u} + \frac{\partial f}{\partial y}\frac{\partial \psi}{\partial u}$$

となることがわかる．$\frac{\partial f}{\partial v}$ についても同様である．これで公式が証明された．

この命題で，特に $\varphi(u,v), \psi(u,v)$ が v によらないときを考える．このときは

$$x = \varphi(u), \quad y = \psi(u)$$

とおいてよい．$\varphi(u), \psi(u)$ は 1 変数の関数として C^1-級となる (1 変数の関数が C^1-級とは，微分できて，導関数が連続のことである)．このとき，上の命題の系として次の結果が得られる：

$z = f(x,y)$ が C^1-級，$x = \varphi(u), y = \psi(u)$ が 1 変数の関数として C^1-級ならば，合成関数

$$f(\varphi(u), \phi(u))$$

は，1 変数 u の関数として C^1-級であって

$$\frac{df}{du} = \frac{\partial f}{\partial x}\frac{d\varphi}{du} + \frac{\partial f}{\partial y}\frac{d\psi}{du}$$

C^2-級の関数

【定義】 $f(x,y)$ を領域 D で定義された C^1-級の関数とする．偏導関数 $\frac{\partial f}{\partial x}, \frac{\partial f}{\partial y}$ が，再び D で C^1-級の関数となるとき，f を C^2-級の関数という．

すなわち，f が C^2-級の関数であるということは，$\dfrac{\partial f}{\partial x}, \dfrac{\partial f}{\partial y}$ のそれぞれの偏導関数

$$\frac{\partial}{\partial x}\left(\frac{\partial f}{\partial x}\right), \quad \frac{\partial}{\partial y}\left(\frac{\partial f}{\partial x}\right); \quad \frac{\partial}{\partial x}\left(\frac{\partial f}{\partial y}\right), \quad \frac{\partial}{\partial y}\left(\frac{\partial f}{\partial y}\right)$$

が存在して，連続となることである．このそれぞれの偏導関数を，<u>2 階の偏導関数</u>といって

$$\frac{\partial^2 f}{\partial x^2}, \quad \frac{\partial^2 f}{\partial y \partial x}; \quad \frac{\partial^2 f}{\partial x \partial y}, \quad \frac{\partial^2 f}{\partial y^2}$$

で表わす．これらを簡単に $f_{xx}, f_{xy}; f_{yx}, f_{yy}$ と表わすこともある．

このとき，偏微分の定義からはけっして窺いしれない，奇妙な，しかし簡明な結果が成り立つ．

> f を C^2-級の関数とする．そのとき
> $$\frac{\partial^2 f}{\partial y \partial x} = \frac{\partial^2 f}{\partial x \partial y}$$
> が成り立つ．

すなわち，C^2-級の関数に対しては，微分する順序を交換しても，結果は同じことになるのである．C^2-級の仮定をおかないと，単に f_{xy}, f_{yx} が存在するだけでは，この結果は一般には成り立たないことが知られている．

そのような例として高木貞治『解析概論』(岩波書店) にある例をあげておこう．

$$f(x, y) = \begin{cases} xy\dfrac{x^2 - y^2}{x^2 + y^2}, & (x, y) \neq (0, 0) \\ 0, & (x, y) = (0, 0) \end{cases}$$

とおくと，f_{xy}, f_{yx} は存在するが

$$f_{yx}(0,0) = -1, \quad f_{xy}(0,0) = 1$$

となって，微分の順序を交換したとき，値が一致しない．

この命題の証明は興味があるが，ここでは省略しよう．この命題についての証明と，さらに立ち入った考察については，上に述べた『解析概論』を参照していただきたい．

C^3-級の関数

C^2-級の関数 $f(x,y)$ が,その 2 階の偏導関数
$$\frac{\partial^2 f}{\partial x^2}, \quad \frac{\partial^2 f}{\partial x \partial y}, \quad \frac{\partial^2 f}{\partial y^2}$$
がさらに偏微分可能であって,偏導関数が連続のとき,$f(x,y)$ を C^3-級の関数という.

f の偏導関数を表わすのに,上に 2 階の偏導関数の場合に例示したように,f の下に偏微分した変数をつけることによって表わすことにしよう.たとえば
$$f_x = \frac{\partial f}{\partial x}, \quad f_{yxy} = \frac{\partial^3 f}{\partial y \partial x \partial y}$$
である.このとき,C^3-級の関数 f を偏微分していく操作を図式化すると下のようになる.ここで等号で結んであるのは,微分の順序を交換しても,結果が変わらないことを示している.

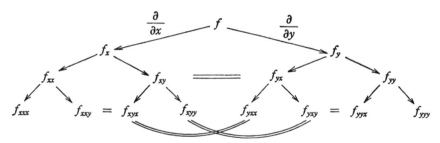

この図式で,たとえば一番下の列の左側にある等号 $f_{xxy} = f_{xyx}$ は,f_x から出発して,C^2-級の関数に対する上の結果を適用して得られたものである.また一番下の列でカーブした等号で結ばれている 2 つの式は,$f_{xy} = f_{yx}$ の両辺をそれぞれ x および y で偏微分したものである.

このようにして,C^3-級の関数 f の 3 階の偏導関数は,本質的には
$$\frac{\partial^3 f}{\partial x^3}, \quad \frac{\partial^3 f}{\partial x^2 \partial y}, \quad \frac{\partial^3 f}{\partial x \partial y^2}, \quad \frac{\partial^3 f}{\partial y^3}$$
の 4 つであることがわかった.

C^r-級の関数

一般に任意の自然数 r に対して，領域 D で定義された関数 $f(x,y)$ が C^r-級の関数とは，r 階までの偏導関数がすべて存在して連続なことである．このとき，r 階の偏導関数は

$$\frac{\partial^r f}{\partial x^s \partial y^t} \quad (s+t=r;\ s=0,1,\ldots,r)$$

の形で与えられる．

テイラーの定理

1 変数関数の場合，第 10 講で述べたテイラーの定理に対応する結果は，2 変数の場合でも成り立つ．

$f(x,y)$ を領域 D で定義された C^n-級の関数とする．領域内の 1 点 (a,b) に注目することにしよう．$|h|$ と $|k|$ を適当に小さくとっておけば，2 点 (a,b), $(a+h,b+k)$ を結ぶ線分上の点 (x,y)：

$$x=a+th,\quad y=b+tk \quad (0 \leqq t \leqq 1)$$

もまたすべて領域 D 内に含まれているとしてよい．

このとき

$$F(t)=f(a+th,\ b+tk)$$

に対して，第 10 講のテイラーの定理を適用することができる．その結果として

$$F(1)=F(0)+\frac{F'(0)}{1!}+\cdots+\frac{F^{(n-1)}(0)}{(n-1)!}+\frac{1}{n!}F^{(n)}(\theta),\quad 0<\theta<1$$

という式が得られる．

$F(1)=f(a+h,\ b+k)$ であり，右辺は

$$F(0)=f(a,b)$$

$$F'(0)=h\frac{\partial f}{\partial x}(a,b)+k\frac{\partial f}{\partial y}(a,b)$$

$$F''(0)=h^2\frac{\partial^2 f}{\partial x^2}(a,b)+2hk\frac{\partial^2 f}{\partial x\partial y}(a,b)+k^2\frac{\partial^2 f}{\partial y^2}(a,b)$$

$$\vdots\qquad\vdots\qquad\vdots\qquad\vdots$$

のような微分の公式を用いて，点 (a,b) における f の逐次偏微分係数でかき表わ

していくことができる．このようにして，2 変数関数に対するテイラーの定理が得られるのであるが，ここでは，$n=2$ のときの形だけかいて満足しておくことにしよう：

$$f(a+h,\ b+k) = f(a,b) + h\frac{\partial f}{\partial x}(a,b) + k\frac{\partial f}{\partial y}(a,b)$$
$$+ \frac{1}{2}\left\{h^2\frac{\partial^2 f}{\partial x^2}(a+\theta h,\ b+\theta k) + 2hk\frac{\partial^2 f}{\partial x \partial y}(a+\theta h,\ b+\theta k)\right.$$
$$\left. + k^2\frac{\partial^2 f}{\partial y^2}(a+\theta h,\ b+\theta k)\right\} \quad (0 < \theta < 1) \qquad (2)$$

なおここでの議論の原型は，すでに前講の Tea Time で述べていたことを注意しておこう．

Tea Time

2 変数関数の極大，極小

ここでは，2 変数関数 $z = f(x,y)$ は，C^2-級の滑らかさをもつものとしよう．図 74 で (I) は (a,b) で f が極大値をとるとき，(II) は極小値をとるときである．このときこのグラフ（曲面！）を x 軸方向から切ってみても，y 軸方向から切ってみても，切り口の曲線は，(a,b) で山の頂き ((I) のとき) となっているか，谷底 ((II) のとき) となっている．このことから，(I), (II) の場合

$$\frac{\partial f}{\partial x}(a,b) = \frac{\partial f}{\partial y}(a,b) = 0 \qquad (*)$$

となっていることがわかる．すなわち，$z = f(x,y)$ が (a,b) で極値をとるための

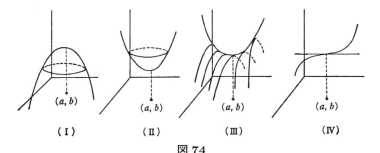

図 74

必要条件は (∗) で与えられる.

しかし (∗) が成り立っているからといって, f が (a,b) で極値をとるとは限らない. 図の (III) は馬の鞍のようなもので, x 軸方向から切ると (a,b) で極大値をとるが, y 軸方向から切ると (a,b) で極小値をとる. したがって f 自身は (a,b) で極大値も極小値もとらない. (IV) でも, (∗) が成り立っているが, y 軸方向の切り口は, (a,b) で単調に増加している (このような場合は, たとえば $z=y^3$ のとき, 原点で生じている).

したがって (∗) が成り立つことは, f が (a,b) で極値をとるための十分条件にはなっていない. それでは (∗) が成り立つとき, f が (a,b) で極値をとるのか, とらないのか, もう少し判定する方法はないものだろうか.

それには, テイラーの定理で得た公式 (2) が有効に用いられる. いま, 一般に 2 次式
$$Ah^2 + 2Bhk + Ck^2$$
を考える. 説明の簡単のため, $A \neq 0$ と仮定しておく. このとき, $k \neq 0$ に対して, この 2 次式は
$$k^2 \left\{ A\left(\frac{h}{k}\right)^2 + 2B\left(\frac{h}{k}\right) + C \right\}$$
とかけるから, 2 次関数についてのよく知られた結果から

  i) $B^2 - AC < 0$ ならば, $A > 0$ のとき常に正, $A < 0$ のとき常に負となる.
  ii) $B^2 - AC > 0$ ならば, 正の値も負の値もとる.
  iii) $B^2 - AC = 0$ ならば, $\geqq 0$ または $\leqq 0$ で必ず 0 となるところがある.

テイラーの定理の (2) 式を見ながら
$$A = f_{xx}(a,b), \quad B = f_{xy}(a,b), \quad C = f_{yy}(a,b)$$
とおく.

  i) に対応する条件:$f_{xy}(a,b)^2 - f_{xx}(a,b)f_{yy}(a,b) < 0$ が成り立っているとする. このとき, f_{xy}, f_{xx}, f_{yy} が連続であることに注意すると (f は C^2-級と仮定していた!), この不等式は (a,b) のごく近くの点でも成り立っている. したがって (∗) と (2) から, h,k が十分小さいときは
$$f(a+h, b+k) - f(a,b) > 0 \quad (f_{xx}(a,b) > 0 \text{ のとき})$$
$$f(a+h, b+k) - f(a,b) < 0 \quad (f_{xx}(a,b) < 0 \text{ のとき})$$
がつねに成り立つ. 上の場合は f が (a,b) で極小値をとるとき (図で (II) の場合), 下の場合は f が (a,b) で極大値をとるとき (図で (I) の場合) である (なお, 条件 $f_{xx}(a,b) > 0, < 0$ は, $f_{yy}(a,b) > 0, < 0$ でおきかえてもよい).

ii) に対応する条件：$f_{xy}(a,b)^2 - f_{xx}(a,b)f_{yy}(a,b) > 0$ が成り立っているときには，同様の議論から，f は (a,b) で極値をとらない (図で (III) の場合) ことがわかる．

iii) に対応する条件：$f_{xy}(a,b)^2 - f_{xx}(a,b)f_{yy}(a,b) = 0$ が成り立つときには，いろいろの場合がおきて，何の結論もいえない．実際このときには，(2) 式を用いようと思っても，h, k をどんなに小さくとっても，
$$f_{xy}(a+\theta h,\ b+\theta k)^2 - f_{xx}(a+\theta h,\ b+\theta k)f_{yy}(a+\theta h,\ b+\theta k)$$
の符号がどのようになっているか，全然わからないのである．

第 **27** 講

C^1-写像

テーマ
- ◆ R^2 から R^2 への写像
- ◆ C^1-級の写像
- ◆ C^1-級の写像の図示
- ◆ C^1-写像の変動の模様は，線形写像によって近似的に知ることができる．
- ◆ ヤコビ行列
- ◆ 線形写像とヤコビ行列
- ◆ 合成写像とヤコビ行列
- ◆ 正則な線形写像

R^2 から R^2 への写像

1変数関数 $f(x)$ から，2変数関数 $f(x,y)$ への移行は，変数の動く場所を，数直線 R から座標平面 R^2 へと移し，考察の対象を広げることによって得られたものであった．簡単のため，関数の定義域は R，または R^2 としよう．関数のとる値の方も注目するときには，

$$
\begin{array}{lccc}
\text{1変数関数 } f: & x & \longrightarrow & f(x) \\
& \cap & & \cap \\
& R & & R
\end{array}
$$

$$
\begin{array}{lccc}
\text{2変数関数 } f: & (x,y) & \longrightarrow & f(x,y) \\
& \cap & & \cap \\
& R^2 & & R
\end{array}
$$

とかくとはっきりする．

関数に対してこのような表わし方を採用してみると，関数よりは，むしろ写像といった方がよいかもしれないと思えてくる．1変数関数は，R から R への写像である．2変数関数は R^2 から R への写像である．そうすると次に，R^2 から R^2 への写像を考えるということも，ごく自然なことに思えてくる．

R^2 から R^2 への写像 $\varPhi$ は次のように表わされる．$\varPhi$ は R^2 の点 (x,y) に対して，R^2 の点 (u,v) を対応させる対応である．したがって，ふつうの関数記号を見習ってかくと

$$\varPhi(x,y) = (u,v)$$

となる (図 75).

図 75

この右辺のそれぞれの座標 u,v が，$\varPhi$ が与えられたとき (x,y) によって 1 つ決まるということをもっと明確に示すためには

$$\varPhi : \begin{cases} u = f(x,y) \\ v = g(x,y) \end{cases} \tag{1}$$

と表わすとよい．このとき $f(x,y)$, $g(x,y)$ は 2 変数の関数である．

C^1-級の写像

(1) で，$f(x,y)$, $g(x,y)$ が C^1-級の関数となっているとき，$\varPhi$ を C^1-級の写像または C^1-写像という．

【例 1】
$$\varPhi : \begin{cases} u = x + y \\ v = x - y \end{cases}$$

このとき $\dfrac{\partial u}{\partial x} = 1$, $\dfrac{\partial u}{\partial y} = 1$, $\dfrac{\partial v}{\partial x} = 1$, $\dfrac{\partial v}{\partial y} = -1$ により，$\varPhi$ は C^1-級の写像となっ

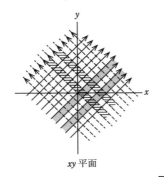
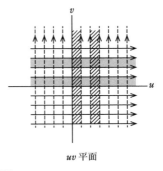

xy 平面　　　　　　　　　uv 平面

図 76

ている．

図76でこの対応の模様を示しておいた．xy 平面上で，x 軸，y 軸に対して $45°$ の傾きをもつ2つの直線群は，uv 平面上では，座標軸に平行な直線群に移されている．

【例2】
$$\Phi : \begin{cases} u = x^2 - y^2 \\ v = x^2 + y^2 \end{cases}$$

このときも Φ は C^1-級の写像である．この写像で，xy 平面と uv 平面とが対応する模様は図77で示してある．この図を見ただけでは，どのような対応かわかりにくいかもしれない．簡単な注意を付け加えておくと，この図がもう少し見やすくなるかもしれない．その注意とは，(x,y), $(-x,y)$, $(x,-y)$, $(-x,-y)$ はすべて uv 平面上の同じ点に移されるということである．このことは，xy 平面を折紙のように思って，x 軸，y 軸を折れ線として4つに折ってから，uv 平面に移る模様を調べてもよいということである．また x 軸は，第1象限にある $u = v$ という直線上に，y 軸は第2象限にある $u = -v$ という直線上に移されている．

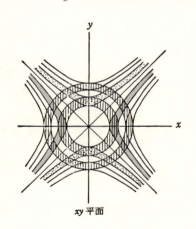
xy 平面

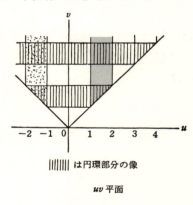
||||||| は円環部分の像

uv 平面

図 77

C^1-級の写像の図示について

例1，例2のような，それぞれの座標成分を表わす式が1次式や2次式のごく簡単なものであっても，それを組み合わせて R^2 から R^2 への写像をつくると，

写像の様子は，なかなか察知しにくくなる．まして，u,v を表わす式の中に，もっと次数が高い式が含まれていたり，またさらに $\sin x, \cos x, e^x$ などの関数がこれにまじって入ってくるようになると，この写像がどんなことかを察知することも，大体の様子を想像してみることも，しだいに絶望的になってくる．その 1 つの理由は，写像を図示しようとしても，図 75 (具体例としては図 76, 図 77) のような表わし方しかなくて，私たちの直観は，どうもこのような表示に対しては，素直に反応を示して働いてくれないようにみえるからである．

2 変数関数の場合には，そのグラフは曲面によって表わされ，したがって私たちは曲面の '形' によって，関数の変動の模様を知ることができた．しかし，$\boldsymbol{R}^2$ から $\boldsymbol{R}^2$ への写像に対しては，写像をこのような形として捉えてみることは不可能なのである．不可能であるというのは，私たちの認識できるのは 3 次元までであって，xy 平面に対して，この平面に直交するさらに 2 本の直交する直線を引いて，それを u 軸，v 軸とするようなことは，私たちの認識の範囲を越えているからである——それは 4 次元の世界を想定していることになる！

C^1-写像と線形写像

それでは C^1-写像を調べる手段は全然ないのかといえば，少なくとも 1 点のごく近くで，写像がどのように変動するかを調べる手がかりはある．それは写像 $\varPhi$ を

$$\varPhi : \begin{cases} u = f(x,y) \\ v = g(x,y) \end{cases} \tag{1}$$

としたとき，各 f, g が C^1-級だから，1 点 (a,b) のまわりで

$$f(x,y) = f(a,b) + \frac{\partial f}{\partial x}(a,b) \cdot (x-a) + \frac{\partial f}{\partial y}(a,b) \cdot (y-b)$$
$$+ o(\sqrt{(x-a)^2 + (y-b)^2})$$
$$g(x,y) = g(a,b) + \frac{\partial g}{\partial x}(a,b) \cdot (x-a) + \frac{\partial g}{\partial y}(a,b) \cdot (y-b)$$
$$+ o(\sqrt{(x-a)^2 + (y-b)^2})$$

と表わされるからである．この式は，点 (a,b) の十分近くでは (といっても極限的

な状況においてであるが), $(f(x,y), g(x,y))$ の $(f(a,b), g(a,b))$ からの変動の模様は, ほぼ

$$\frac{\partial f}{\partial x}(a,b) \cdot (x-a) + \frac{\partial f}{\partial y}(a,b) \cdot (y-b)$$

$$\frac{\partial g}{\partial x}(a,b) \cdot (x-a) + \frac{\partial g}{\partial y}(a,b) \cdot (y-b)$$

で与えられていることを示している. すなわち, 上式は'ほぼ' $f(x,y) - f(a,b)$ を表わし, 下の式は'ほぼ' $g(x,y) - g(a,b)$ を表わしている. そこで

$$x_1 = x - a, \quad x_2 = y - b$$

とおき, $\boldsymbol{R}^2$ から $\boldsymbol{R}^2$ への写像

$$\Phi_0 : \begin{cases} u_1 = \dfrac{\partial f}{\partial x}(a,b)x_1 + \dfrac{\partial f}{\partial y}(a,b)x_2 \\ u_2 = \dfrac{\partial g}{\partial x}(a,b)x_1 + \dfrac{\partial g}{\partial y}(a,b)x_2 \end{cases}$$

を考える. Φ_0 は線形写像であって, 行列表示を用いれば

$$\begin{pmatrix} u_1 \\ u_2 \end{pmatrix} = \begin{pmatrix} \dfrac{\partial f}{\partial x}(a,b) & \dfrac{\partial f}{\partial y}(a,b) \\ \dfrac{\partial g}{\partial x}(a,b) & \dfrac{\partial g}{\partial y}(a,b) \end{pmatrix} \begin{pmatrix} x_1 \\ x_2 \end{pmatrix} \tag{2}$$

と表わすことができる.

u_1 は'ほぼ' $f(x,y) - f(a,b)$ に等しく, u_2 は'ほぼ' $g(x,y) - g(a,b)$ に等しい.

まとめておくと, (1) で与えられる C^1-写像 Φ の各点における変動の模様は, 高位の無限小を無視するならば, 線形写像 Φ_0 によって, あるいは同じことであるが, 行列 (2) によって表わされている.

ヤコビ行列

(2) の右辺に現われた行列を, 点 (a,b) における写像 Φ のヤコビ行列といって $J(\Phi)(a,b)$ で表わす:

$$J(\varPhi)(a,b) = \begin{pmatrix} \dfrac{\partial f}{\partial x}(a,b) & \dfrac{\partial f}{\partial y}(a,b) \\ \dfrac{\partial g}{\partial x}(a,b) & \dfrac{\partial g}{\partial y}(a,b) \end{pmatrix} \tag{3}$$

と表わす.あるいは

$$J(\varPhi) = \begin{pmatrix} \dfrac{\partial f}{\partial x} & \dfrac{\partial f}{\partial y} \\ \dfrac{\partial g}{\partial x} & \dfrac{\partial g}{\partial y} \end{pmatrix} \tag{4}$$

とかいて,(3) を $J(\varPhi)_{x=a,\ y=b}$ と表わしてもよい.(4) のようにかくときは,x,y を変数と見ている.このときには,ヤコビ行列とは,点 (x,y) に対して 2 次の行列 $J(\varPhi)$ を対応させる対応であるとみなすことができる:

$$(x,y) \longrightarrow J(\varPhi)$$

$\varPhi$ が C^1-写像であるということは,行列 $J(\varPhi)$ の各成分が連続であることを示している.

線形写像とヤコビ行列

$\boldsymbol{R}^2$ から $\boldsymbol{R}^2$ への C^1-写像で最も基本的なものは線形写像

$$\tilde{\varPhi} : \begin{cases} u = ax + by \\ v = cx + dy \end{cases} \tag{5}$$

である.これをヤコビ行列との関連で見てみよう.$\dfrac{\partial u}{\partial x} = a$, $\dfrac{\partial u}{\partial y} = b$ などに注意すると,容易にわかるように,$\tilde{\varPhi}$ のヤコビ行列は,線形写像 (5) を表わす行列自身,すなわち

$$J(\tilde{\varPhi}) = \begin{pmatrix} a & b \\ c & d \end{pmatrix}$$

となる.

もう 1 つ線形写像

$$\tilde{\varPsi} : \begin{cases} u = a'x + b'y \\ v = c'x + d'y \end{cases}$$

が与えられたとしよう.このとき

$$J(\tilde{\Psi}) = \begin{pmatrix} a' & b' \\ c' & d' \end{pmatrix}$$

である．

合成写像 $\tilde{\Phi} \circ \tilde{\Psi}$ は再び線形写像となるが，よく知られたように，$\tilde{\Phi} \circ \tilde{\Psi}$ を表わす行列は，$\tilde{\Phi}$ を表わす行列と $\tilde{\Psi}$ の表わす行列の積となる：

$$\begin{pmatrix} aa'+bc' & ab'+bd' \\ ca'+dc' & cb'+dd' \end{pmatrix} = \begin{pmatrix} a & b \\ c & d \end{pmatrix} \begin{pmatrix} a' & b' \\ c' & d' \end{pmatrix}$$

この線形写像に関する基本的な結果を，多少重々しくヤコビ行列という言葉を用いて表わすと次のようになる．

$$J(\tilde{\Phi} \circ \tilde{\Psi}) = J(\tilde{\Phi})J(\tilde{\Psi}) \tag{6}$$

合成写像とヤコビ行列

この (6) という関係は，実は C^1-写像 Φ, Ψ のヤコビ行列に対しても，いわば各点で成り立つ関係なのである．

それを見るために，2つの C^1-写像

$$\Phi : \begin{cases} u = f(x,y) \\ v = g(x,y), \end{cases} \quad \Psi : \begin{cases} x = \varphi(s,t) \\ y = \psi(s,t) \end{cases}$$

をとる．このとき

$$\Phi \circ \Psi : \begin{cases} u = f(\varphi(s,t), \ \psi(s,t)) \\ v = g(\varphi(s,t), \ \psi(s,t)) \end{cases}$$

この形から $\Phi \circ \Psi$ が再び C^1-写像となることがわかる．実際，

$$\frac{\partial u}{\partial s} = \frac{\partial u}{\partial x}\frac{\partial \varphi}{\partial s} + \frac{\partial u}{\partial y}\frac{\partial \psi}{\partial s}, \quad \frac{\partial u}{\partial t} = \frac{\partial u}{\partial x}\frac{\partial \varphi}{\partial t} + \frac{\partial u}{\partial y}\frac{\partial \psi}{\partial t}$$

$$\frac{\partial v}{\partial s} = \frac{\partial v}{\partial x}\frac{\partial \varphi}{\partial s} + \frac{\partial v}{\partial y}\frac{\partial \psi}{\partial s}, \quad \frac{\partial v}{\partial t} = \frac{\partial v}{\partial x}\frac{\partial \varphi}{\partial t} + \frac{\partial v}{\partial y}\frac{\partial \psi}{\partial t}$$

が成り立って，右辺がすべて連続関数だから，$\Phi \circ \Psi$ が C^1-写像であることが結論できるのである．さらにこの式をヤコビ行列を用いてかき直すと

$$J(\Phi \circ \Psi) = J(\Phi)J(\Psi) \tag{7}$$

と表わされることがわかる．これで (6) の一般化として (7) が成り立つことが示された．(7) はヤコビ行列に対し最も基本的な関係である．

注意 (6) と違って (7) に現われる行列は，いわば各点 (x,y) によって決まる行列である ('変数' という代りに '変行列' とでもいうべきものである). したがって (7) の公式は，どこで考えているかをはっきりさせておかなくてはならない．その意味では (7) は
$$J(\Phi \circ \Psi)(s,t) = J(\Phi)(f(s,t), g(s,t))J(\Psi)(s,t)$$
とかいた方がよい．

正則な線形写像

C^1-写像とヤコビ行列との関係を考えるとき，この基盤となるのは線形写像と行列との関係である．線形写像 (5) でもし
$$J(\tilde{\Phi}) = \begin{pmatrix} a & b \\ c & d \end{pmatrix}$$
が正則行列ならば，$\tilde{\Phi}$ に対して逆写像 $\tilde{\Phi}^{-1}$ が存在する．すなわち，$J(\tilde{\Phi})$ が正則行列ならば (5) の左辺の (u,v) を任意に与えたとき，(5) をみたす (x,y) がただ 1 つ決まる．対応 $(u,v) \to (x,y)$ が逆写像 $\tilde{\Phi}^{-1}$ である．

ここで正則行列の定義を思いおこしておいた方がよいかもしれない.
$$A = \begin{pmatrix} a & b \\ c & d \end{pmatrix}$$
が正則行列とは，逆行列 A^{-1} ($A^{-1}A = AA^{-1} = $ 単位行列) が存在することであって，この条件は $ad - bc \neq 0$ で与えられる．

それでは，この結果に対応するようなことが，C^1-写像 Φ に対しても何かいえるのだろうか．簡単のため原点 $(0,0)$ に注目することにしよう．このとき，次のような問題を考えてみることは，ごく自然なことだろう．

問 C^1-写像 Φ に対し，Φ の原点におけるヤコビ行列 $J(\Phi)(0,0)$ が正則行列のとき，Φ は原点の近くで何かよい性質をもつだろうか？

この問題については次講で考えることにしよう．

Tea Time

質問 線形写像と行列については,線形代数のときにひとまず学んだことはありますが,そのとき,行列が,点 (x, y) の動きにつれて,変数のように動くなどということは,一度も聞いたことがありませんでした.そのため,ここでお聞きしたこと,すなわち C^1-写像 Φ のヤコビ行列が,点 (x, y) によって変わる変数のようになっていることに,非常に新鮮な感じを受けました.しかし,線形代数では,行列は,2 次元ベクトル空間から 2 次元ベクトル空間への線形写像であると習ってきました.そうすると,ヤコビ行列は,どのような 2 次元ベクトル空間の線形写像と考えてよいのでしょうか.

答 行列が $\mathbf{R}^2$ の各点 (x, y) に対して決まっていくという考えに立てば,質問にあった見方を正当化するためには,$\mathbf{R}^2$ の各点に 2 次元ベクトル空間 $V_{(x,y)}$ が付随していると考えるべきだろう.ヤコビ行列 $J(\Phi)(x, y)$ は,そのとき $V_{(x,y)}$ から $V_{\Phi(x,y)}$ への線形写像を与えていると見るのが自然なことになる.

それでは,$\mathbf{R}^2$ の各点 (x, y) に与えられたこのようなベクトル空間 $V_{(x,y)}$ は,どのようなものとして与えられていると考えたらよいのだろうか.ここに,各点における接空間という考えが誕生してくるのであるが,いまはそこまで立ち入って述べるわけにはいかない.ただ,質問の中にあった問題点は,現代数学の中では,接空間という概念の中にはっきりと生かされているということは知っておくとよいだろう.

第 28 講

逆 写 像 定 理

テーマ
- ◆ 逆写像定理の定式化
- ◆ 1 変数関数のときの逆写像定理とは？
- ◆ 1 変数関数と 2 変数関数との逆写像定理の対比
- ◆ 逆写像定理の証明の考え方
- ◆ (Tea Time) 陰関数定理

前講の問題の解答——逆写像定理

前講の最後に述べた問題が，この講の出発点となる．問題は，R^2 から R^2 への C^1-写像が与えられて，$J(\Phi)(0,0)$ (原点における Φ のヤコビ行列) が正則ならば，このことから Φ についてどのような性質が導かれるか，ということであった．

記述を簡単にするために

$$\Phi(0,0) = (0,0)$$

とする．すなわち Φ による原点の像は原点であるとする．このように仮定しても一般性を失わない：もし $\Phi(0,0) = (p,q)$ ならば，Φ の像を含む R^2 の座標の方を，平行移動して，座標原点を (p,q) まで平行移動しておくとよいからである．

このように仮定した上で，上に述べた問題に対する答をまず述べておこう．それは逆写像定理とよばれている次の定理で与えられる．

【定理】 Φ は R^2 から R^2 への C^1-写像で次の性質をみたすとする．
  i) $\Phi(0,0) = (0,0)$
  ii) $J(\Phi)(0,0)$ は正則行列

このとき，原点 $(0,0)$ を含む十分小さい領域 U, V が存在して，Φ は U から V の上への 1 対 1 写像となる．

したがってこのとき，V 上に限って考えれば，V から U への Φ の逆写像 Φ^{-1} が存在するが，Φ^{-1} もまた C^1-写像となる．

この定理で述べていることは，次のようなことである．Φ が線形写像のときには，正則行列であるということから，逆行列が存在して，したがって $\boldsymbol{R}^2$ から $\boldsymbol{R}^2$ への Φ の逆写像 Φ^{-1} が存在することが結論されたが，これはもちろん線形写像の特性である．一般の C^1-写像 Φ に対して，このような結果を期待することはできない．なぜかというと，原点における Φ のヤコビ行列 $J(\Phi)(0,0)$ は，原点のごく近くにおける Φ の変動の模様を，線形写像によってできるだけよく近似した場合の情報を提供しているにすぎないからである．

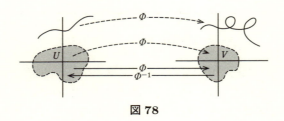

図 78

しかし，近似的であるにもかかわらず，正則行列であるということが導く基本性質，逆写像が存在するという性質は，原点のごく近くに注目する限りやはり成り立っているということを主張するのが，上の定理の内容である．

1 変数の場合との対比

定理は 2 変数の写像に対して述べられているが，ここで少し立ち止まって，1 変数の場合，C^1-級の関数 $y = f(x)$ が，$f(0) = 0$ をみたしているとき，定理に対応することはどのようなことなのかを考えてみよう．もちろんこのときには，$y = f(x)$ は $\boldsymbol{R}$ から $\boldsymbol{R}$ への C^1-写像と考えているのである．

まず，1 次関数 $y = ax$ が 1 対 1 写像となる条件は，$a \neq 0$ で与えられる．このとき逆写像は $x = \dfrac{1}{a}y$ で与えられることを注意しておこう．

さて，$y = f(x)$ の原点における微係数 $f'(0)$ は，$y = f(x)$ の原点の近くの変動を近似する '接線' $y = f'(0)x$ の傾きであって，これが 2 変数の写像の場合の

原点におけるヤコビ行列に対応する (この対応を強調したいときには, $f'(0)$ は 1 行 1 列の行列 (!) を表わしていると考えるのである). このとき, $f'(0) \neq 0$ という条件が, 原点におけるヤコビ行列が正則であるという条件に対応する (図 79).

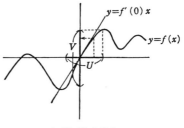

$f: U \to V$ 1 対 1

図 79

いま, $f'(0) \neq 0$ と仮定し, $f'(0) > 0$ とする. f が C^1-級であり, $f'(x)$ は連続だから, 原点の近くでも, $f'(x) > 0$ が成り立つ. したがってこの範囲で $f(x)$ は単調増加である. ゆえに, 逆関数 f^{-1} (逆写像!) が原点の近くで存在する.

これが, 1 変数の場合に逆写像定理に対応することである. この対比を見やすいように, 表にかいておこう.

	1 変数のとき	2 変数のとき
線 形 写 像	$y = ax$ で $a \neq 0$ $\Longrightarrow$ 1 対 1	$\Phi : \begin{cases} u = ax + by \\ v = cx + dy \end{cases}$ で, $\begin{pmatrix} a & b \\ c & d \end{pmatrix}$ が正則行列 $\Longrightarrow \Phi$ は 1 対 1
一般の C^1-写像	$y = f(x), f(0) = 0$ で, $f'(0) \neq 0$ $\Longrightarrow$ 原点の近くで 1 対 1 で, したがってそこで f^{-1} が存在する	逆写像定理

逆写像定理の証明の考え方 (I)

逆写像定理を示すためには, 対応する 1 変数の場合を見ても推察できるように, 単に $J(\Phi)(0,0)$ が正則であるという仮定を用いるだけでなくて, 点 (x, y) が原点に十分近いときには, $J(\Phi)(x, y)$ はやはり正則な行列となることを, 何らかの形で用いなくてはならない (このこと自身は, Φ が C^1-写像であることからの帰結である). したがって, 証明は多少細かい配慮が必要となる.

これから述べる証明の考え方は, 2 変数の場合だけではなくて, 一般に n 変数の場合, すなわち $\boldsymbol{R}^n$ から $\boldsymbol{R}^n$ への C^1-写像に対しても適用される考えである.

また証明の背景にあるアイデアは，第 22 講で述べた，リプシッツ条件をみたすときの，微分方程式の解の存在と一意性を与える証明と，類似のものを含んでいる．この点もまた読者の興味をよぶのではないかと思う．

いま
$$A = J(\Phi)(0,0)$$
とおくと，仮定から A は正則行列であり，したがって逆行列 A^{-1} が存在する．合成写像
$$\Phi \circ A^{-1} : \boldsymbol{R}^2 \xrightarrow{A^{-1}} \boldsymbol{R}^2 \xrightarrow{\Phi} \boldsymbol{R}^2$$
を考えると，$\Phi \circ A^{-1}$ は C^1-写像で，また前講の結果から，原点におけるヤコビ行列を考えると
$$J(\Phi \circ A^{-1})(0,0) = J(\Phi)(0,0) \cdot A^{-1} = A \cdot A^{-1} = \begin{pmatrix} 1 & 0 \\ 0 & 1 \end{pmatrix} \tag{1}$$
となる．

私たちは，Φ の代りに，$\Phi \circ A^{-1}$ に対して定理の証明を試みよう．もし，$\Phi \circ A^{-1}$ に対して定理が成り立つならば，$\boldsymbol{R}^2$ の原点を含む領域 $\tilde{U}, \tilde{V}$ が存在して
$$\Phi \circ A^{-1} : \tilde{U} \longrightarrow \tilde{V}$$
は 1 対 1 となる．したがって $U = A^{-1}(\tilde{U}), \quad V = \tilde{V}$ とおくと，U, V はやはり原点を含む領域で
$$\Phi : U \longrightarrow V$$
は 1 対 1 写像となる．$\tilde{V}$ 上で $\Phi \circ A^{-1}$ の逆写像が C^1-写像ならば，Φ の逆写像も $V (= \tilde{V})$ 上で C^1-写像となることはすぐにわかる．

したがって，Φ の代りに $\Phi \circ A^{-1}$ に対して定理が成り立つことを示すとよい．

逆写像定理の証明の考え方 (II)

いま述べたことは，(1) を見ると，定理の仮定の中の ii) の代りに，もっと強い仮定
$$J(\Phi)(0,0) = \begin{pmatrix} 1 & 0 \\ 0 & 1 \end{pmatrix} \tag{2}$$
をおいて証明してもよいということである．

記号を簡単にするために，$P = (x, y)$ とおき，また
$$\|P\| = \mathrm{Max}(|x|, |y|)$$
とおく．また正数 ε に対して
$$U(\varepsilon) = \{P \mid \|P\| < \varepsilon\}$$
とおく (図80). 記号を整理するため

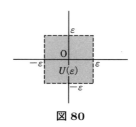

図 80

$$\Phi : \begin{cases} u = \Phi^1(x, y) \\ v = \Phi^2(x, y) \end{cases}$$

と表わし，これに対して，Ψ を
$$\Psi(P) = \Phi(P) - P \tag{3}$$
すなわち
$$\Psi : \begin{cases} u = \Phi^1(x, y) - x \\ v = \Phi^2(x, y) - y \end{cases}$$
と定義する．そしてこの右辺をそれぞれ，$u = \Psi^1(x, y)$, $v = \Psi^2(x, y)$ と表わす．

(2) から
$$J(\Psi)(0, 0) = \begin{pmatrix} 0 & 0 \\ 0 & 0 \end{pmatrix}$$
であり，したがって，Ψ^1 と Ψ^2 の原点における偏微係数はすべて 0 となる．

Ψ^1, Ψ^2 は C^1-級であり，したがって正数 ε を十分小さくとると，$U(\varepsilon)$ 上で
$$\left|\frac{\partial \Psi^1}{\partial x}\right|, \left|\frac{\partial \Psi^1}{\partial y}\right|, \left|\frac{\partial \Psi^2}{\partial x}\right|, \left|\frac{\partial \Psi^2}{\partial y}\right| < \frac{1}{4}$$
が成り立つようにできる．このことから，$U(\varepsilon)$ 上で
$$\|\Psi(P) - \Psi(P')\| \leqq \frac{1}{2} \|P - P'\| \tag{4}$$
が成り立つことがわかる．

【(4) の証明】 平均値の定理 (第 25 講 Tea Time) から
$$\left|\Psi^1(P) - \Psi^1(P')\right| \quad (P = (x, y), \ P' = (x', y'))$$
$$= \left| \frac{\partial \Psi^1}{\partial x}(x + \theta(x' - x), y + \theta(y' - y)) \cdot (x' - x) \right.$$
$$\left. + \frac{\partial \Psi^1}{\partial y}(x + \theta(x' - x), y + \theta(y' - y)) \cdot (y' - y) \right|$$
$$\leqq \frac{1}{4}|x' - x| + \frac{1}{4}|y' - y| \leqq \frac{1}{2}\mathrm{Max}(|x' - x|, |y' - y|)$$

$$= \frac{1}{2}\|P - P'\|$$

$|\Psi^2(P) - \Psi^2(P')|$ に対しても同様の式が成り立ち，このことから，(4) が示される．

特に P' として，原点 O をとると，$\Psi(O) = O$ だから

$$\|\Psi(P)\| \leqq \frac{1}{2}\|P\|$$

となる．

$Q \in U\left(\dfrac{\varepsilon}{2}\right)$ を 1 つとって固定する．このとき私たちの示したいことは，原点のまわりの領域を適当にとると，

$$\Phi(P) = Q$$

となる P が，この領域の中にただ 1 つ存在するということである (図 81)．

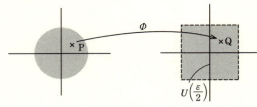

図 81

それを示すために

$$\Psi_Q(P) = Q - \Psi(P) \tag{5}$$

とおく．$Q = (q^1, q^2)$ とおくと，$\Psi_Q(P) = (q^1 - \Psi^1(x,y),\ q^2 - \Psi^2(x,y))$ である．また

$$\Psi_Q(O) = Q \tag{6}$$

のことを注意しておこう．

$\Psi_Q(P)$ は C^1-級の写像で，$U(\varepsilon)$ を $U(\varepsilon)$ の中に写像している．実際，$P \in U(\varepsilon)$ に対して

$$\|\Psi_Q(P)\| \leqq \|Q\| + \|\Psi(P)\| \leqq \|Q\| + \frac{1}{2}\|P\| < \varepsilon$$

また，(4) を参照すると

$$\boxed{\|\Psi_Q(P) - \Psi_Q(P')\| \leqq \frac{1}{2}\|P - P'\| \tag{7}}$$

この状況は，第 22 講の定理の証明に現われた状況とまったく同様であるといってよい．したがってそのときの考えがそのまま適用できて

$$P_0 = O, \quad P_1 = \Psi_Q(P_0), \quad P_2 = \Psi_Q(P_1), \ldots$$

一般に，帰納的に

$$P_n = \Psi_Q(P_{n-1}) \quad (n = 1, 2, \ldots) \tag{8}$$

とおく．このとき点列 $\{P_n\}$ は，$U(\varepsilon)$ の中のコーシー列となることがわかる．したがって $\{P_n\}$ は 1 点 $\tilde{P}$ に収束する (実数の連続性から各座標成分が収束する)．

(8) で $n \to \infty$ とすると，Ψ_Q は連続だから

$$\tilde{P} = \Psi_Q(\tilde{P}) \tag{9}$$

となる．

(9) から，まず $\tilde{P} \in U(\varepsilon)$ が得られる．実際，(7) で $P' = O$ とおいて (6) を用いると

$$\|\tilde{P} - Q\| = \|\Psi_Q(\tilde{P}) - Q\| \leqq \frac{1}{2}\|\tilde{P}\|$$

により

$$\|\tilde{P}\| \leqq 2\|Q\| < \varepsilon$$

また (5) と (3) を用いて (9) をかき直すと

$$\tilde{P} = Q - \Psi(\tilde{P}) = Q - (\Phi(\tilde{P}) - \tilde{P})$$

すなわち

$$Q = \Phi(\tilde{P})$$

となり，点 Q へ Φ によって移される $\tilde{P} \in U(\varepsilon)$ の存在が示されたのである．(9) によれば，このような $\tilde{P}$ は，写像 Ψ_Q の不動点 (!) として得られている．

したがってこのことから，$\Phi^{-1}\left(U\left(\frac{\varepsilon}{2}\right)\right) \cap U(\varepsilon) = W$ とおくと，W は原点を含む領域であって，Φ は W から $U\left(\frac{\varepsilon}{2}\right)$ の上への写像を与えていることがわかった (図 82)．

さらに Φ は W から $U\left(\frac{\varepsilon}{2}\right)$ への 1 対 1 写像となっている．実際，$Q = \Phi(\tilde{P}) = \Phi(\tilde{P}')$ とすると (9) から

$$\tilde{P} = \Psi_Q(\tilde{P}), \quad \tilde{P}' = \Psi_Q(\tilde{P}')$$

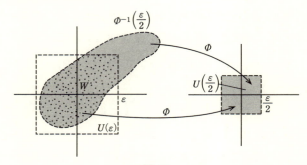

図 82

となる．したがって (7) から，$\tilde{P} = \tilde{P}'$ が結論されるからである．

このようにして Φ は，写像
$$W \longrightarrow U\left(\frac{\varepsilon}{2}\right)$$
として，1対1の，上への写像を与えていることがわかった．

この逆写像 Φ^{-1} が C^1-写像となる証明は，ここでは省略しよう．

このようにして，少し長くなったが，逆写像定理が証明されるのである．

Tea Time

 n 次の正方行列と C^1-写像

線形代数で，n 次の正方行列
$$\begin{pmatrix} a_{11} & \cdots & a_{1n} \\ & \cdots & \\ a_{n1} & \cdots & a_{nn} \end{pmatrix}$$
は，n 次元ベクトル空間 $\boldsymbol{R}^n$ から $\boldsymbol{R}^n$ への線形写像を表わすということは聞いたことがあるだろう．実際，この行列の表わす線形写像は
$$y_1 = \sum_{j=1}^n a_{1j} x_j, \quad y_2 = \sum_{j=1}^n a_{2j} x_j, \quad \ldots, \quad y_n = \sum_{j=1}^n a_{nj} x_j$$
で与えられる．この一般化として，$\boldsymbol{R}^n$ から $\boldsymbol{R}^n$ への C^1-写像を考えることができる．それは
$$y_1 = f_1(x_1, \ldots, x_n), \quad y_2 = f_2(x_1, \ldots, x_n), \quad \ldots, \quad y_n = f_n(x_1, \ldots, x_n)$$
の形をした $\boldsymbol{R}^n$ から $\boldsymbol{R}^n$ への写像である．ここで各 $f_i\ (i = 1, 2, \ldots, n)$ は，変数

$x_1,\ldots,x_n$ について偏微分可能な関数であって，各偏導関数が連続となっているものである．この講で取り扱ったのは，$n=2$ の場合である．この一般の n のときにも，ヤコビ行列を考えることができて，逆写像定理は，同じような形で述べることができる．このような一般化が可能なことは，n 次の行列の場合でも，正則行列ならば，逆行列，したがって逆写像が存在するという事実が成り立つことから，容易に推測されることである．この場合の証明も，ここで述べた証明と同様にできる．

質問 陰関数定理というのを聞いたことがありますが，それはどんなものか，ここで説明していただくことができますか．

答 逆写像定理と陰関数定理は，密接に関係し合っているので，ここで述べることができる．

関数は，ふつうは $y=f(x)$ の形で表わされている．しかし，関数がこのような形で与えられていないときもある．たとえば，円の方程式 $x^2+y^2=r^2$ はその例である．このときでも，$y\geqq 0$ の範囲では，この式は，実質的には，$y=\sqrt{1-x^2}$ という関数を表わしていると考えることができる．このように，関数が

$$F(x,y)=0$$

という関係をみたすものとして与えられているときに，陰関数という．

しかし注意することは，$F(x,y)=0$ という関係で y が x の関数として一意的に決まるという保証はないのである．上の円の方程式でも，$y\geqq 0$ としておかなければ，y は x の関数としては一意的には決まらない．別の例としては，

$$F(x,y)=x^2-xy^2+xy-y^3=0$$

は，$y=-x$ と，$y=\pm\sqrt{x}$ という3つの関数を与えている．

どのようなとき，$F(x,y)=0$ という関係から y が x の関数として一意的に決まるか，という条件を述べるのが陰関数定理である．それは次のように述べられる：
'$F(x,y)$ は C^1-関数で，$F(0,0)=0$，$F_y(0,0)\neq 0$ が成り立つならば，原点の近くで，$F(x,\varphi(x))=0$ をみたす関数 $y=\varphi(x)$ がただ1つ存在する'
この定理は，見かけは逆写像定理と無関係のようであるが，C^1-写像 $\varPhi:(x,y)$

$\longrightarrow (x, F(x, y))$ を考えることによって逆写像定理と結びつくのである．実際このとき，ヤコビ行列は

$$J(\varPhi)(0,0) = \begin{pmatrix} 1 & 0 \\ F_x(0,0) & F_y(0,0) \end{pmatrix}$$

となり，仮定 $F_y(0,0) \neq 0$ により，正則行列となる．したがって，原点の近くで $\varPhi$ の逆写像 $\varPhi^{-1}$ が存在する．

$$\varPhi^{-1}(x, 0) = (x, \varphi(x))$$

とおくと，この両辺に $\varPhi$ を適用して

$$(x, 0) = \varPhi(x, \varphi(x)) = (x, F(x, \varphi(x)))$$

したがって y 座標を見比べて $F(x, \varphi(x)) = 0$ となる．φ の一意性は，$\varPhi$ の逆写像が存在することからの結論となる．

第 29 講

2 変数関数の積分

テーマ
- ◆ 1 変数関数の積分と 2 変数関数の積分
- ◆ 面積確定の領域上での積分
- ◆ 2 変数連続関数の積分の定義
- ◆ 積分の基本性質
- ◆ 累次積分
---

1 変数関数の積分と 2 変数関数の積分

2 変数の関数 $f(x,y)$ について,いままでは微分の立場で取り扱ってきたが,今度は積分の立場で見てみよう.

2 変数の連続関数 $f(x,y)$ に対して,重積分ともよばれる '2 変数関数としての定積分'

$$\iint_D f(x,y)dxdy \tag{1}$$

を導入したいのである.

しかしここでもまた微分の場合と同様に,1 変数関数 $f(x)$ の定積分

$$\int_a^b f(x)dx \tag{2}$$

の場合にはあまり触れなかった事柄について,新しい注意が必要となる.それは,1 変数関数の場合には,定積分の範囲はふつうは (2) のように閉区間 $[a,b]$ であった.この閉区間 $[a,b]$ は,長さを測るという観点に立ってみたとき,最も基本的な集合であって,実際,私たちが長さ $b-a$ をもつ集合といえば,まずこのような閉区間を考える.

この閉区間 $[a,b]$ に対応する,2 次元 (平面!) における基本的な集合といえば,一辺が $[a,b]$,他の辺が $[c,d]$ で与えられる長方形

$$I = \{(x,y) \mid a \leqq x \leqq b,\ c \leqq y \leqq d\}$$

であろう．したがって (2) に対応する 2 変数の定積分として

$$\iint_I f(x,y)dxdy \tag{3}$$

を考えることは，ひとまず自然な拡張といってもよかったのである．

面積確定の領域上での積分

しかし実際は，平面上の図形の中で，長方形はあまりにも特殊すぎる．1 次元の場合には，定積分の範囲として閉区間 $[a,b]$ をとることに，私たちは何の抵抗も感じなかったが，2 次元の場合，長方形の上だけで積分を考えるといったら，何か妙な感じがするだろう．ここに 1 次元と 2 次元の積分を考えるときの違いが生じてくる．

したがって'重積分' (1) を考えるとき，積分の範囲 D としてどのようなものをとるのが適当かということになる．D として，平面の有界な集合をとるということは，まず前提としておこう．

1 次元の場合，$\int_a^b f(x)dx$ で，特に $f(x) \equiv 1$ のときには，この積分は閉区間 $[a,b]$ の長さ $b-a$ になる．同じように (1) で，$f(x,y) \equiv 1$ のときには

$$\iint_D f(x,y)dxdy$$

の値は，D の面積となることが望ましい．しかしそうなるためには，D に面積という概念が確定していなくてはならない．

このような考察から，2 変数の場合，定積分 (1) を導入する出発点として

(A)　D は面積確定の平面の有界領域

(B)　$f(x,y)$ は閉領域 $\bar{D}$ で連続な関数

を仮定しておくことにする．

もちろん，1 変数関数の定積分の定義 (第 20 講) のように，$f(x,y)$ についての仮定は (B) よりもっと弱いところから始めてもよい．しかし，そうすると話が少し細かくなるので，ここでははじめから f に連続性を仮定したのである．

2 変数の積分の定義

そこで (A)，(B) を仮定した上で，D 上の f の定積分

$$\iint_D f(x,y)dxdy$$

を定義したい．まず，仮定 (B) から，第 24 講の中の'連続関数'の項で述べた定理を参照すると，$f(x,y)$ は D で有界であることを注意しておこう．

第 19 講と同様の考察を繰り返すこととして，D は長方形

$$\{(x,y) \mid a \leqq x < b,\ c \leqq y < d\}$$

の中に含まれるとして，$[a,b]$，$[c,d]$ の分点

$$\mathscr{G}: \begin{cases} a = x_0 < x_1 < \cdots < x_n = b \\ c = y_0 < y_1 < \cdots < y_m = d \end{cases}$$

をとり，

$$J_{ij} = \{(x,y) \mid x_i \leqq x < x_{i+1},\ y_j \leqq y < y_{j+1}\}$$
$$(i = 0, 1, \ldots, n-1;\ j = 0, 1, \ldots, m-1)$$

とおく．長方形 J_{ij} は，第 19 講では，しばしば $\mathscr{G}$ タイルとして引用したものである．また J_{ij} の面積を

$$|J_{ij}| = (x_{i+1} - x_i)(y_{j+1} - y_j)$$

とかく．

さて，これらの J_{ij} の中で

$$J_{ij} \cap D \neq \phi \tag{4}$$

となるものに注目し，このような J_{ij} に対し，$J_{ij} \cap D$ の中から 1 点 (x_{ij}, y_{ij}) をとる．そして和

$$\sum{'} f(x_{ij}, y_{ij}) |J_{ij}| \tag{5}$$

を考える．ここで $\sum{'}$ とかいたのは，和は (4) をみたす (i,j) についてだけとられていることを意味している．

このとき，D が面積確定であるということと，$f(x,y)$ が $\bar{D}$ で一様連続という性質をもつことから [1]，$\mathscr{G}$ の分点の最大幅 Max $(x_{i+1} - x_i)$，Max $(y_{j+1} - y_j)$ を 0 に近づけると，(5) は (x_{ij}, y_{ij}) のとり方によらず一定の極限値に収束することが証明できる（この証明の考え方は，第 20 講で 1 変数の場合，連続関数は積分可能であることを示した考え方と同様である）．この極限値を，$f(x,y)$ の D 上の

---

[1] 2 変数関数の場合，一様連続性の定義は特に与えなかったが，読者は，第 20 講で与えた 1 変数の場合の定義から，2 変数の場合の定義も容易に類推できるだろう．

定積分と定義するのである．すなわち

【定義】 分点 $\mathscr{G}$ の最大幅を 0 に近づけたとき
$$\sum{}' f(x_{ij}, y_{ij}) |J_{ij}|$$
の極限値を
$$\iint_D f(x,y) dxdy$$
と表わし，$f(x,y)$ の <u>D 上の定積分</u>，あるいは単に <u>D 上の積分</u> という．

積分の基本性質

このように積分を定義すれば，1 変数のときと同じように，次の基本性質が成り立つ．

> $f(x,y)$, $g(x,y)$ を $\bar{D}$ 上で連続な関数とすると，定数 α, β に対し
> $$\iint_D (\alpha f(x,y) + \beta g(x,y)) dxdy$$
> $$= \alpha \iint_D f(x,y) dxdy + \beta \iint_D g(x,y) dxdy$$

また 1 つの領域に対して与えた上の積分の定義は，$D_1, D_2, \ldots, D_n$ が共通点のない，面積確定の領域のときには，和集合 $\tilde{D} = \bigcup_{i=1}^n D_i$ 上の積分の定義にまで自然に拡張できて

> $$\iint_{\tilde{D}} f(x,y) dxdy = \sum_{i=1}^n \iint_{D_i} f(x,y) dxdy$$

が成り立つ．

累次積分

積分の定義はこれで済んだが，面積確定の領域 D と，連続関数 $f(x,y)$ が与えられたとき，
$$\iint_D f(x,y) dxdy$$
を具体的にどのように計算したらよいかという方法については，上の定義は直接

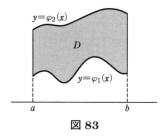

図 83

には何も教えてくれない．ふつうはこの積分の値は 1 変数の場合に帰着させて計算する．

いま簡単のため，領域 D が図 83 で与えられているような場合を考えよう．すなわちこの領域の左端と右端は $x = a$, $x = b$ で限られ，上下は連続関数 $\varphi_2(x)$ と $\varphi_1(x)$ のグラフ

$$y = \varphi_2(x), \quad y = \varphi_1(x)$$

で限られているとする．このとき D は面積確定である．

このとき次の命題が成り立つ：

$$\iint_D f(x,y)dxdy = \int_a^b \left(\int_{\varphi_1(x)}^{\varphi_2(x)} f(x,y)dy \right) dx$$

この右辺の意味は次のようなことである．x をとめて $f(x,y)$ を y の関数とみて，$\varphi_1(x)$ から $\varphi_2(x)$ まで積分した結果を

$$F(x) = \int_{\varphi_1(x)}^{\varphi_2(x)} f(x,y)dy \tag{6}$$

とおく．$F(x)$ は x の関数として連続となる．この $F(x)$ を a から b まで積分した値が，左辺に等しいというのである．すなわち右辺は，1 変数の関数の積分を二度繰り返したことになっている．この右辺を累次積分という．

【証明】 命題を示すために，再び $J_{ij} \cap D \neq \phi$ をみたす J_{ij} だけ考えることにする．いま i をとめて積分

$$\int_{y_j}^{y_{j+1}} f(x_i, y)\, dy$$

を考える．この積分は，図84をみてもわかるように P_j から P_{j+1} まで実線に沿って y 方向に $f(x_i, y)$ を積分したことになっている．

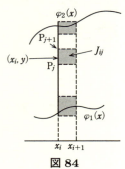

図 84

$$m_{ij} = \inf_{(x,y) \in J_{ij}} f(x,y), \quad M_{ij} = \sup_{(x,y) \in J_{ij}} f(x,y)$$

とおくと，積分に関する不等式 (第21講 '準備的な注意' の項) から

$$m_{ij}(y_{j+1} - y_j) \leqq \int_{y_j}^{y_{j+1}} f(x_i, y)\, dy \leqq M_{ij}(y_{j+1} - y_j)$$

が成り立つ．この式を j について加えると

$$\sum_j{}' m_{ij}(y_{j+1} - y_j) \leqq \int_{\varphi_1(x_i)}^{\varphi_2(x_i)} f(x_i, y)\, dy \leqq \sum_j{}' M_{ij}(y_{j+1} - y_j)$$

となる．ここで $\sum{}'$ は，前と同じように，$J_{ij} \cap D \neq \phi$ となる j だけを加えている．

実際は，これらの不等式は，J_{ij} が D の境界と交わるところで，多少の補正をした上で成り立つのだが，これらの補正は，これからの極限操作で結局は消えるので，その点について細かい議論を避けてしまったのである．(6) を用いると，この不等号の真中に挟まれた式は，$F(x_i)$ に等しいことに注意しよう．

この不等式に $x_{i+1} - x_i$ をかけて加えると

$$\sum{}' m_{ij}(x_{i+1} - x_i)(y_{j+1} - y_j) \leqq \sum{}' F(x_i)(x_{i+1} - x_i)$$
$$\leqq \sum{}' M_{ij}(x_{i+1} - x_i)(y_{j+1} - y_j)$$

が得られる．この不等式の両側の式は $x_{i+1} - x_i \to 0, \quad y_{j+1} - y_j \to 0$ のとき，ともに

$$\iint_D f(x,y)\,dxdy$$

に近づく．したがって真中に挟まれた式の極限値

$$\int_a^b F(x)dx$$

は，この $f(x,y)$ の積分に等しくならなくてはならない．これは証明すべき式であった．

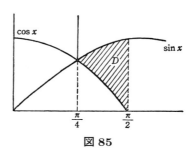

図 85

【例】 図 85 のように，$x = \dfrac{\pi}{4}$ から $x = \dfrac{\pi}{2}$ の間で，$y = \sin x$ と $y = \cos x$ のグラフで挟まれた領域を D とし，

$$I = \iint_D y \cdot \sin x \, dxdy$$

を求めてみよう．

$$\begin{aligned} I &= \int_{\frac{\pi}{4}}^{\frac{\pi}{2}} \left(\int_{\cos x}^{\sin x} y \cdot \sin x \, dy \right) dx \\ &= \int_{\frac{\pi}{4}}^{\frac{\pi}{2}} \sin x \left[\frac{1}{2} y^2 \right]_{\cos x}^{\sin x} dx \\ &= \frac{1}{2} \int_{\frac{\pi}{4}}^{\frac{\pi}{2}} \sin x (\sin^2 x - \cos^2 x) dx \\ &= \frac{1}{2} \left[\frac{2}{3} \cos^3 x - \cos x \right]_{\frac{\pi}{4}}^{\frac{\pi}{2}} = \frac{\sqrt{2}}{6} \end{aligned}$$

ここで最後の式へ移るとき，不定積分

$$\int (\sin^2 x - \cos^2 x) \sin x \, dx$$

を求める必要があったが，この不定積分は，$\cos x = t$ とおくことにより，容易に求められる．

Tea Time

 累次積分で積分の順番を変えてみる

累次積分をする順序は，まず y について積分して次に x の積分に移るか，あるいはこの逆に，まず x について積分して次に y の積分に移るかの 2 通りがあるが，

どちらを選んでももちろん同じ結果に到達する．しかし，実際計算の過程では，順番をとりかえると，まったく違った式が出てきて，慣れないと，間違ったのだろうかと不安になることさえある．

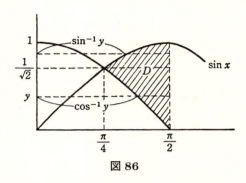

図 86

このことを，すぐ上の例
$$I = \iint_D y \cdot \sin x \, dx dy$$
で見てみよう．今度は，x についての積分を最初に行ない，次に y の積分に移るという順序で，累次積分を行なってみよう．図 86 を参照してみると，この累次積分は 2 つの積分の和として表わされることがわかる．

$$I = \int_0^{\frac{1}{\sqrt{2}}} y \left(\int_{\cos^{-1} y}^{\frac{\pi}{2}} \sin x \, dx \right) dy$$
$$+ \int_{\frac{1}{\sqrt{2}}}^1 y \left(\int_{\sin^{-1} y}^{\frac{\pi}{2}} \sin x \, dx \right) dy$$

このように積分が 2 つに分かれたのは，y の方から見たとき，$y = \frac{1}{\sqrt{2}}$ のとき，D の境界をつくるグラフが $x = \cos^{-1} y$ から $x = \sin^{-1} y$ へと変わるからである．この計算を行なうと

$$I = \int_0^{\frac{1}{\sqrt{2}}} y^2 dy + \int_{\frac{1}{\sqrt{2}}}^1 \sqrt{1-y^2} y \, dy$$
$$= \frac{1}{3} \frac{\sqrt{2}}{4} + \frac{\sqrt{2}}{12} = \frac{\sqrt{2}}{6}$$

となり，当然のことながら前の結果と一致する．

質問 1 変数関数の積分のときには，$a < b$ のときに
$$\int_b^a f(x)dx = -\int_a^b f(x)dx$$
と定義して，同じ閉区間 $[a,b]$ 上の積分なのに，a から b へ行くか，b から a へ行くかに従って符号を変えるようなことをしました．2 変数の積分のときには，こ

のような考えをすることはないのですか.

答 これはよい質問と思う.1変数のとき,上のようなことを考えたのは,数直線上では大小の順序関係がはっきりしていて,このように定義しておくと,いろいろな公式などをかくのに,便利だからである.2変数のときには,同じ領域 D 上の積分で,ある約束では積分が正になり,別の約束では同じ関数の積分が負になるというようなことは考えない.それは $\boldsymbol{R}^2$ というときには,x 軸の正の方向から y 軸の正の方向へと回る向き (時計の針と逆向き!) を正の向きと約束しているからである.1変数の上の約束に対応することを,2変数で考えようとすると,$\boldsymbol{R}^2$ には表と裏があって,表側で積分するときは面積は正,裏側で積分するときは面積は負というようなことを考えることになるだろう.しかし,2次元座標空間 $\boldsymbol{R}^2$ というときには,表と裏があるなどという考えは一般には採用しないのである.

しかし,たとえば球面上で積分をするときには,事情は少し違ってくる.球面では外側 (球の表面に現われている部分) と内側 (裏側) の違いがはっきりしていて,外側で正の向きに回る曲線は,内側から見ると負の向きに回っている.したがってこの場合には,球面上の関数を外側の面上で積分するときと,内側の面上で積分するときとでは,積分の符号を変えておかなくてはならないだろう.

一般に,曲面の'向き'には標準的なものはなく,球面の例でもわかるように,どちらの'向き'がよいかという判定はできないのである.'向き'の選択は,場合,場合による.'向き'の任意性を積分の理論の中に吸収するためには,'向き'を変えたときには積分の符号が変わるように,理論全体を整備しておいた方がよい.このような目的に合致するものとして,微分形式の理論がある.微分形式とは,関数概念を多少一般化して得られる概念――というより形式――であるが,曲面上で解析学を展開するときには,非常に有効に用いられているものである.

第30講

積分と写像

テーマ
- ◆ 正則な線形写像と $\mathbf{R}^2$ の斜交座標
- ◆ 正則な線形写像による面積の変化率
- ◆ 行列式と面積比
- ◆ 正則な C^1-写像
- ◆ 正則な C^1-写像と面積
- ◆ 積分の変数変換

正則な線形写像と斜交座標

線形写像

$$\tilde{\Phi} : \begin{cases} u = ax + by \\ v = cx + dy \end{cases} \tag{1}$$

は行列の記法を用いて

$$\begin{pmatrix} u \\ v \end{pmatrix} = \begin{pmatrix} a & b \\ c & d \end{pmatrix} \begin{pmatrix} x \\ y \end{pmatrix}$$

と表わされる. $\tilde{\Phi}$ が $\mathbf{R}^2$ から $\mathbf{R}^2$ への1対1写像であることは, 行列

$$A = \begin{pmatrix} a & b \\ c & d \end{pmatrix} \tag{2}$$

が正則行列 ($ad - bc \neq 0$!) ということでいい表わされる. 行列 A は, 第27講では, C^1-写像との関係で, $\tilde{\Phi}$ のヤコビ行列 $J(\tilde{\Phi})$ と表わしていたことを思い出しておこう.

このとき (すなわち, $\tilde{\Phi}$ が1対1写像のとき) $\tilde{\Phi}$ を<u>正則な写像</u>ということにする.

さて $\tilde{\Phi}$ が正則のとき, 行列 A のたてベクトル

$$\tilde{e}_1 = \begin{pmatrix} a \\ c \end{pmatrix}, \quad \tilde{e}_2 = \begin{pmatrix} b \\ d \end{pmatrix}$$

は互いに 1 次独立であって，$\boldsymbol{R}^2$ の基底ベクトル $\boldsymbol{e}_1 = \begin{pmatrix} 1 \\ 0 \end{pmatrix}$, $\boldsymbol{e}_2 = \begin{pmatrix} 0 \\ 1 \end{pmatrix}$ の $\tilde{\Phi}$ による像となっている：

$$\Phi(\boldsymbol{e}_1) = \tilde{\boldsymbol{e}}_1, \quad \Phi(\boldsymbol{e}_2) = \tilde{\boldsymbol{e}}_2 \tag{3}$$

$\tilde{e}_1, \tilde{e}_2$ は，斜交座標の基底ベクトルとなっている．

$\boldsymbol{e}_1$ と $\boldsymbol{e}_2$ を 2 辺とする正方形の'タイル'と合同なタイルで平面を敷きつめた状態を考えてみよう．$\tilde{\Phi}$ による対応は，これらのタイルを，$\tilde{e}_1$ と $\tilde{e}_2$ を 2 辺とす

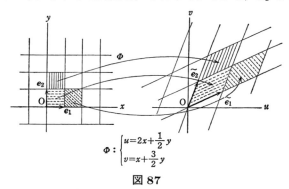

図 87

る平行四辺形のタイルと合同なタイルで，平面を敷きつめたものへと移している．1 つ 1 つの正方形のタイルが，対応する平行四辺形のタイルへと移されているのである (図 87)．

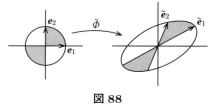

図 88

したがってたとえば，原点中心，半径 1 の円 C は，$\tilde{\Phi}$ によって図 88 で示したような円 $\tilde{C}$ に移っている．

正則な線形写像と面積

$\tilde{\Phi}$ を，(1) 式で表わされた正則な線形写像とする．このとき，(3) で与えられた 2 つのベクトル $\tilde{e}_1, \tilde{e}_2$ を 2 辺とする平行四辺形の面積は

$$|ad - bc|$$

となる (ここでたて棒は, $ad-bc$ の絶対値を表わしている). この証明は特にここでは与えないが, 簡単なことだから, すぐに確かめることができるだろう.

たとえば図 87 は, $u=2x+\frac{1}{2}y$, $v=x+\frac{3}{2}y$ という線形写像による対応を表わしている. このとき $\tilde{e}_1, \tilde{e}_2$ によりはられた平行四辺形の面積は

$$2 \times \frac{3}{2} - \frac{1}{2} \times 1 = 3 - \frac{1}{2} = \frac{5}{2}$$

である. このことは, 基底ベクトル e_1, e_2 によりつくられた面積 1 の正方形が, $\tilde{\Phi}$ によって面積が $\frac{5}{2}$ 倍された平行四辺形へ移されることを示している.

それでは, 同じ写像 $\tilde{\Phi}$ によって, 円 C は, 楕円 $\tilde{C}$ へと移されていたが (図 88), C の面積と, $\tilde{C}$ の面積との割合はどのようになっているだろうか. 実はやはり $\frac{5}{2}$ 倍されて

$$\tilde{C} \text{ の面積 } = (C \text{ の面積}) \times \frac{5}{2}$$

となっている. C の面積は π だから, $\tilde{C}$ の面積は $\frac{5}{2}\pi$ なのである.

このことを示すには, C を十分小さい正方タイルでおおって, このタイルの面積の和によって, C の面積を近似していく状況を考えてみるとよい. 各々の正方タイルは, 上のことから, $\tilde{\Phi}$ によって, 面積が $\frac{5}{2}$ 倍されて平行四辺形へ移る. これらの平行四辺形のタイルは $\tilde{C}$ をおおっている. これらのタイルの面積の和は, $\tilde{C}$ の面積へとしだいに近づいていく. したがって極限へ行っても, $\tilde{C}$ の面積は, C の面積の $\frac{5}{2}$ 倍であることが結論されるのである.

この説明からもわかるように, このことは円 C だけではなくて, 一般に面積確定な有界領域 D に対しても成り立つことがわかる. すなわち

$$\tilde{\Phi}(D) \text{ の面積 } = (D \text{ の面積}) \times \frac{5}{2}$$

となる.

さて, 一般的な設定に戻ろう. $\tilde{\Phi}$ を (1) で与えられた正則な線形写像とする. このとき, 上の推論はそのまますぐに一般化されて次の結果を導く.

D を面積確定な有界領域とする. このとき, $\tilde{\Phi}$ による D の像 $\tilde{\Phi}(D)$ も面積確定であって

$$\tilde{\Phi}(D) \text{ の面積 } = (D \text{ の面積}) \times |ad-bc|$$

行列式と面積比

この結果を基礎において，線形写像からもっと一般の C^1-写像へと考察を進めたい．

そのため，一般に 2 次の行列

$$A = \begin{pmatrix} a & b \\ c & d \end{pmatrix}$$

に対して，A の行列式を

$$\det A = ad - bc$$

により定義する．

また (1) の線形写像 $\tilde{\Phi}$ に対して，$\tilde{\Phi}$ のヤコビ行列は係数のつくる行列 (2) であったことを思い出しておこう．したがって，これらの記法を用いて，上の命題をもう一度かき直しておくと次のようになる．

> 正則な線形写像 $\tilde{\Phi}$ に対して
> $$\tilde{\Phi}(D) \text{ の面積 } = (D \text{ の面積}) \times |\det J(\tilde{\Phi})| \qquad (4)$$

正則な C^1-写像

$\mathbf{R}^2$ から $\mathbf{R}^2$ の上への C^1-写像

$$\Phi : \begin{cases} u = f(x,y) \\ v = g(x,y) \end{cases}$$

が 1 対 1 であって，Φ の逆写像 Φ^{-1} も C^1-写像となるとき，Φ を正則な C^1-写像であるという．

このときは，Φ のヤコビ行列 $J(\Phi)$ は，各点 (x,y) に対して，2 次の行列 $J(\Phi)(x,y)$ を連続的に対応させているが，同じように逆写像 Φ^{-1} のヤコビ行列 $J(\Phi^{-1})$ も，各点 (x,y) に対して，2 次の行列 $J(\Phi^{-1})(x,y)$ を連続的に対応させている．

$$\Phi^{-1} \circ \Phi = \text{ 恒等写像}$$

で，恒等写像 $(x,y) \to (x,y)$ のヤコビ行列は単位行列であることに注意すると，

$$J(\varPhi^{-1} \circ \varPhi) = \begin{pmatrix} 1 & 0 \\ 0 & 1 \end{pmatrix}$$

となることがわかる．この左辺に第27講の結果を適用すると

$$J(\varPhi^{-1})J(\varPhi) = \begin{pmatrix} 1 & 0 \\ 0 & 1 \end{pmatrix} \quad (\text{行列の積！})$$

である．このことから $J(\varPhi)(x,y)$ は，各点 (x,y) で正則な行列であることがわかる．実際逆行列は

$$J(\varPhi^{-1})(\varPhi(x), \varPhi(y))$$

で与えられている．

正則な C^1-写像と面積

　線形写像 $\tilde{\varPhi}$ のときは，各点 (x,y) でヤコビ行列 $J(\tilde{\varPhi})$ はつねに一定であって，そのことから，(4) で示してあるように，この行列式の絶対値が，写像 $\tilde{\varPhi}$ に関する面積比を与えていることになっている．一般の C^1-写像 $\varPhi$ に対しては，$J(\varPhi)(x,y)$ は，(x,y) とともに変わるのだから，もちろん，(4) と同様の式が成り立つことを期待することはできない．しかし，積分概念を通して，(4) を一般化した結果は，やはり成り立つのである．すなわち，次の命題が成り立つ．

> $\varPhi$ を正則な C^1-写像とする．D を面積確定な有界領域とすると，$\varPhi(D)$ も面積確定な有界領域であって
>
> $$\varPhi(D) \text{ の面積} = \iint_D |\det J(\varPhi)(x,y)| dx dy \qquad (5)$$
>
> が成り立つ．

　ここで

$$|\det J(\varPhi)(x,y)| = \left| \frac{\partial f}{\partial x}\frac{\partial g}{\partial y} - \frac{\partial f}{\partial y}\frac{\partial g}{\partial x} \right|$$

は，(x,y) について連続関数であり，したがって右辺の積分は存在していることを注意しておこう．

証明の考え方

(5) が成り立つことを厳密に示すには多少手間がかかる．ここでは証明の考え方だけを述べることで満足することにしよう．

$$\Phi : \begin{cases} u = f(x,y) \\ v = g(x,y) \end{cases}$$

は C^1-写像だから，各 f, g は微分可能であって，各点 (x, y) で

$$f(x+h, y+k) - f(x,y) = h \cdot \frac{\partial f}{\partial x}(x,y) + k \cdot \frac{\partial f}{\partial y}(x,y) + o(\sqrt{h^2 + k^2})$$

$$g(x+h, y+k) - g(x,y) = h \cdot \frac{\partial g}{\partial x}(x,y) + k \cdot \frac{\partial g}{\partial y}(x,y) + o(\sqrt{h^2 + k^2})$$

と表わされる．

このことは，$|h|$ と $|k|$ が十分小さいときには，点 $(f(x+h, y+k), g(x+h, y+k))$ の $(f(x,y), g(x,y))$ からのへだたりは，右辺で高位の無限小を無視したもの，すなわち'ほぼ'線形写像

$$J(\Phi)(x,y) \cdot \begin{pmatrix} h \\ k \end{pmatrix}$$

で与えられていることを示している．もっとも，このような考察はもともと，ヤコビ行列の導入の最初にあった考えであった (第 27 講参照)．

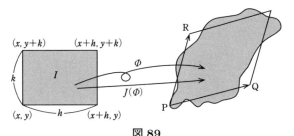

図 89

この状況を図示すると，図 89 のようになる．図 89 で左の図は，点 (x, y) を頂点とし，2 辺がそれぞれ h, k ($h, k > 0$ としている) の長方形 I を画いている．右の図は，この長方形が，Φ と線形写像 $J(\Phi)$ で移された状況を画いている．I の Φ による像 $\Phi(I)$ は，曲線で囲まれた図形であり，$J(\Phi)$ による像 $J(\Phi)(I)$ は，点

$(f(x, y), g(x, y))$ を1つの頂点とする平行四辺形である. 図89で

$$\overrightarrow{\mathrm{PR}} = J(\varPhi)\begin{pmatrix} h \\ 0 \end{pmatrix}, \quad \overrightarrow{\mathrm{PR}} = J(\varPhi)\begin{pmatrix} 0 \\ k \end{pmatrix}$$

であることを注意しておこう.

　このとき上に述べたことは, 曲線に囲まれた部分の面積 $|\varPhi(I)|$ と, 平行四辺形の面積 $|J(\varPhi)(I)|$ とは, 高位の無限小を無視すれば, 'ほぼ' 等しいということである.

　一方, I の面積 $|I|$ と, $|J(\varPhi)(I)|$ の関係は

$$|J(\varPhi)(I)| = |I| \times |\det J(\varPhi)(x, y)|$$

で与えられていた. したがって, 近似式

$$|\varPhi(I)| \fallingdotseq |I| \times |\det J(\varPhi)(x, y)|$$

が成り立って, この近似式の精度は, $h, k \to 0$ のときどんどんよくなってくるだろう.

　この意味で, $|\det J(\varPhi)(x, y)|$ は, 無限小のレベルでの, $\varPhi$ による面積の増加率を表わしていると考えられる.

　さて, ここで命題の式 (5) を改めて眺めてみよう. 左辺は $\varPhi(D)$ の面積である. この面積を求めるのに, まず D の方を細かい正方タイルでおおって, 次にこの正方タイルのそれぞれを $\varPhi$ で移して, $\varPhi(D)$ の面積を求めようと考える. 各々の正方タイルの面積は, その点における $|\det J(\varPhi)(x, y)|$ の値を近似的な倍率として, $\varPhi$ によって $\varPhi(D)$ の方へ移されている.

　したがって, 正方タイルの大きさを, どんどん小さいものにして, 和をとって, 極限へ移るならば, すべては積分記号の中に包括され, (5) が成り立つだろうと予測するのは自然なことである.

　しかし, この点を厳密に証明しようとするとき, 微小部分における面積の誤差 (図89の右図で, 曲線に囲まれた部分の面積と平行四辺形との面積の差) を, 各タイルにわたってよせ集めたとき, この誤差の影響が, 積分の中にどのように影響するか見積らなければならない. 実際は, この誤差は, 極限へ移るとき, すべて積分の中に吸収されて, (5) が成り立つのであるが, これを示す解析的な細かい証明の筋道は, ここでは省略しよう.

積分の変数変換

面積に対して成り立つ (5) の関係は，連続関数の積分に対しても成り立つ．

いま，Φ は前のように，$\boldsymbol{R}^2$ から $\boldsymbol{R}^2$ への正則な C^1-写像とする．D を，面積確定な有界領域とすると，$\Phi(D)$ も同じ性質をもつ．$F(u,v)$ を $\overline{\Phi(D)}$ 上で定義された連続関数とする．このとき次の定理が成り立つ．

【定理】

$$\iint_{\Phi(D)} F(u,v)dudv = \iint_D F(f(x,y), g(x,y)) \times |\det J(\Phi)(x,y)|dxdy$$

ここで

$$\Phi : \begin{cases} u = f(x,y) \\ v = g(x,y) \end{cases}$$

である．

この定理の証明は省略しよう．ただ，$F(u,v) \equiv 1$ のときには，左辺は $\Phi(D)$ の面積となり，上に述べた命題となっていることだけを注意しておこう．

Tea Time

質問 大きな書店の数学書を並べたところに行くと，「解析概論」とか「解析入門」という本がたくさんありますが，もう少し勉強したいと思うときには，どのような本を選んだらよいのでしょうか．

答 この本の最初に述べたように，解析学の奥行きの深さから，これらの本にはそれぞれの特色があって，重点をおく場所や，テーマの選び方が少しずつ違うようである．たとえば，日本の数学書の古典として，いまもなおみずみずしい感触を保ち続けている，高木貞治『解析概論』(岩波書店) の内容の豊富さは群をぬいているが，それでも微分方程式については触れられていない．多変数の微積分に

ついての現代的な立場からの取扱いは，杉浦光夫『解析入門』(東京大学出版会) の II 巻に詳細に述べられている．微分方程式に重点をおいてかかれた解析入門の本としては溝畑茂『数学解析』(朝倉書店) がある．

　これらの本の例でも見られる解析入門におけるテーマの選択の多様性と，構成の違いは，外国の本などではもっと顕著に見られる傾向であって，それは結局は，解析学に近づくひとりひとりの数学者の関心のありかと，個性の違いを反映していると考えてよいものである．

　したがって，この 30 講を読み上げて，さらにもう少し解析学を学んでみたいという読者は，図書館や本屋さんでこの種の本をいろいろ眺めてみて，自分に関心のあるテーマを重点的に扱っている本を選んでみるのも，1 つの選択の方法となる．もちろん，読者の理解の仕方も多様なのだから，あまり評判にこだわらず，自分になじみやすい形でかかれた本を選ぶという考えもあってよいかもしれない．

　いずれにしても，解析入門という門をくぐるくぐり方は，人によっていろいろあるのである．

問題の解答

第3講

問1 数列 $\{x_n\}$ が収束すれば，$\{x_n\}$ はコーシー列であり，したがって $\overline{\lim} x_n = \underline{\lim} x_n$ が成り立つ．

逆に $\overline{\lim} x_n = \underline{\lim} x_n$ が成り立ったとし，この値を a とする．このとき，上極限，下極限の性質を見ると，任意の正数 ε に対して，ある番号から先の x_n は，すべて
$$a - \varepsilon = \underline{\lim} x_n - \varepsilon < x_n < \overline{\lim} x_n + \varepsilon = a + \varepsilon$$
をみたしていなければならない．すなわち
$$|x_n - a| < \varepsilon$$
をみたしていなければならない．このことは，$\lim x_n = a$ を示す．

問2 講義で述べたように
$$X_n = \inf_{m \geqq n} x_m, \quad Y_n = \sup_{m \geqq n} x_m$$
$$X_n' = \inf_{m \geqq n} y_m, \quad Y_n' = \sup_{m \geqq n} y_m$$
とおくと，$x_n \leqq y_n$ により，$X_n \leqq X_n'$，$Y_n \leqq Y_n'$．したがって
$$\underline{\lim} x_n = \lim X_n \leqq \lim X_n' = \underline{\lim} y_n,$$
$$\overline{\lim} x_n = \lim Y_n \leqq \lim Y_n' = \overline{\lim} y_n$$
が成り立つ．

第6講

問1 最後のところだけ示しておこう．

$|x - a| < \mathrm{Min}\,(\delta_1, \delta_2)$ のとき
$$|f(x)g(x) - f(a)g(a)| \leqq |g(x)||f(x) - f(a)| + |f(a)||g(x) - g(a)|$$
$$\leqq (|g(a)| + 1)\frac{\varepsilon}{2}\frac{1}{|g(a)| + 1} + |f(a)|\frac{\varepsilon}{2}\frac{1}{|f(a)| + 1}$$
$$< \frac{\varepsilon}{2} + \frac{\varepsilon}{2} = \varepsilon$$
したがって $f(x)g(x)$ は，$x = a$ で連続である．

第10講

問1 $(\log x)' = \dfrac{1}{x}, \quad (\log x)'' = -\dfrac{1}{x^2} = -x^{-2}$

したがって，帰納的に

であることがわかる．

問 2 $\cos x = 1 - \dfrac{x^2}{2!} + \dfrac{x^4}{4!} - \cdots + (-1)^n \dfrac{x^{2n}}{(2n)!} + R,$

$R = R_{2n+1} = (-1)^{n+1} \dfrac{\sin \theta x}{(2n+1)!} x^{2n+1}$

第16講

問 1
$$\dfrac{d^2 y}{dx^2} + \dfrac{dy}{dx} = \dfrac{d}{dx}\left(\dfrac{dy}{dx} + y\right)$$

に注意すると，まず

$$\dfrac{dy}{dx} + y = \int f(x)dx + C$$

が得られる．したがって，講義の中で求めた公式を使うと

$$y = e^{-x}\left(\int e^x \left(\int f(x)dx + C\right) dx + C_1\right)$$

$$= e^{-x}\left(\int e^x \left(\int f(x)dx\right) dx + Ce^x + C_1\right)$$

$$= e^{-x}\left(\int e^x \left(\int f(x)dx\right) dx + C_1\right) + C$$

第21講

問 1

$$\psi(x) = \begin{cases} \displaystyle\int_{-2}^{x}(-1)dx = -x-2 & (x \leqq 0) \\ \displaystyle\int_{-2}^{0}(-1)dx + \int_{0}^{x}dx = x-2 & (x > 0) \end{cases}$$

$$\tilde{\psi}(x) = \begin{cases} -\dfrac{1}{2}x^2 - 2x - 2 & (x \leqq 0) \\ \dfrac{1}{2}x^2 - 2x - 6 & (x > 0) \end{cases}$$

問 2

$\psi(x)$
$= \begin{cases} 1 - \cos x & \left(0 \leqq x \leqq \dfrac{\pi}{4}\right) \\ \sin x + (1 - \sqrt{2}) & \left(\dfrac{\pi}{4} \leqq x \leqq \dfrac{\pi}{2}\right) \end{cases}$

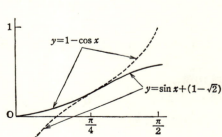

索　引

ア　行

e　179
一様収束　93
一様連続性　150
1 階線形微分方程式　123
一般解　119, 135
陰関数定理　225

上に有界　13, 17

n 階線形微分方程式　118, 127

オイラーの公式　99

カ　行

解曲線　165
開区間　10
解の存在と一意性　166
外部面積　143
下界　20
下極限　23
下限　20
可微分関数　54
加法　29, 32
加法公式　69
関数　34
　　——の極限値　34
　　——の定義域　183
　　C^1-級の——　196
　　C^2-級の——　201
　　C^3-級の——　203
　　C^r-級の——　204
　　C^∞-級の——　72
　　2 変数の——　182
　　微分可能な——　54, 196
　　偏微分可能の——　188
完備　22

逆三角関数の導関数　69
逆写像定理　217
極限値　9
極小値　76
極大値　76
極値　76, 77
距離　183

区間縮小法　13
グラフのつくる図形　146

原始関数　101

高階導関数　72
合成関数の微分　70
コーシー・アダマールの定理　89
コーシー列　21
弧度　68

サ　行

最小値　47
最大値　47
三角関数　68

――の導関数 68

C^1-級
　――の関数 196
　――の写像 209
C^2-級の関数 201
C^3-級の関数 203
C^r-級 162
　――の関数 204
C^∞-級の関数 72
C^1-写像 209
　――と面積 240
　正則な―― 239
指数関数 173
　――の導関数 69
　――の微分可能性 174
　――の定積分による定義 176
　――の微分方程式による定義 175
　――のベキ級数による定義 176
四則演算の連続性 44
下に有界 13, 20
実数 5
　――の連続性 10
斜交座標 238
収束域 88
収束する 9
収束半径 88
上界 17
上極限 23
上限 18
乗法 29, 32
初期値 121

数直線 5

正規形 165
斉次の線形微分方程式 131
正則な C^1-写像 239

正則な線形写像 215, 236
積分可能 148
積分する 100
積分定数 102
積分の変数変換 243
接空間 216
接線の式 53
絶対収束 87
接平面の方程式 195
線形写像 211, 213
　正則な―― 215, 236
線形性 125
線形微分方程式
　斉次の―― 131
　定数係数の―― 130

相似写像 27

タ 行

対数関数の導関数 69
対数微分 106
多項式の導関数 67
ダルブーの定理 144, 149
単調減少 64
単調増加 63

近づく 9, 183
置換積分 105

定義域 42
　関数の―― 183
定数係数の線形微分方程式 130
定積分 146, 148
　――と不定積分 158
テイラー展開 81
　――が可能な関数 81
　――のできない関数 83

テイラーの定理　73, 204

導関数　55
　　逆三角関数の——　69
　　三角関数の——　68
　　指数関数の——　69
　　対数関数の——　69
　　多項式の——　67
　　有理関数の——　68
特殊解　119, 135

ナ 行

内部面積　143

2階線形微分方程式　136
二項展開　82
2変数関数　182
　　——の極小　205
　　——の極大　205
　　——の積分　227

ハ 行

半開区間　10

微係数　51
微積分学の基本公式　159
左微係数　52
微分可能　51, 194
　　——な関数　54, 196
微分作用素　115, 125
微分方程式　165
微分法の公式　66

不定積分　101
　　有理関数の——　111
不定積分法の公式　104
部分積分　105

平滑化作用　161
平均値の定理　62, 198
閉区間　10
平行移動　26
平面の方程式　191
閉領域　184
ベキ級数　86
　　——とテイラー展開　97
変数分離型(微分方程式)　127
変数変換の公式　200
偏微分可能　187
　　——の関数　188
偏微分係数　188
偏微分する　187

マ 行

マクローランの定理　75

右微係数　52

∞　36
無限小　38
　　高位の——　39
無理数　6

面積　142
　　——の概念　139
面積確定　143
面積比　239

ヤ 行

ヤコビ行列　212

有界　184
　　上に——　13, 17
　　下に——　13, 20
有理関数

――の導関数　68
――の不定積分　111
有理数　6

ラ 行

リプシッツ条件　167
リーマン積分　153
領域　184

累次積分　230

ルベーグ積分　153

連続　42
連続関数　46, 184
連続性
　四則演算の――　44
　実数の――　10

ロルの定理　61

著者略歴

志賀浩二
(しがこうじ)

1930年　新潟県に生まれる
1955年　東京大学大学院数物系数学科修士課程修了
　　　　東京工業大学理学部教授，桐蔭横浜大学工学部教授などを歴任
　　　　東京工業大学名誉教授，理学博士
2024年　逝去
受　賞　第1回日本数学会出版賞
著　書　「数学30講シリーズ」(全10巻，朝倉書店)，
　　　　「数学が生まれる物語」(全6巻，岩波書店)，
　　　　「中高一貫数学コース」(全11巻，岩波書店)，
　　　　「大人のための数学」(全7巻，紀伊國屋書店) など多数

数学30講シリーズ5
新装改版　解析入門30講　　　　定価はカバーに表示

1988年11月10日　初　版第1刷
2024年1月25日　　　　第24刷
2024年9月1日　新装改版第1刷

著　者　志　賀　浩　二
発行者　朝　倉　誠　造
発行所　株式会社　朝　倉　書　店

東京都新宿区新小川町6-29
郵便番号　162-8707
電　話　03(3260)0141
Ｆ Ａ Ｘ　03(3260)0180
https://www.asakura.co.jp

〈検印省略〉

© 2024〈無断複写・転載を禁ず〉
ISBN 978-4-254-11885-8 C3341

中央印刷・渡辺製本
Printed in Japan

JCOPY　〈出版者著作権管理機構　委託出版物〉
本書の無断複写は著作権法上での例外を除き禁じられています．複写される場合は，そのつど事前に，出版者著作権管理機構（電話 03-5244-5088, FAX 03-5244-5089, e-mail: info@jcopy.or.jp）の許諾を得てください．

集合・位相・測度

志賀 浩二 (著)

A5 判／256 頁　978-4-254-11110-1 C3041　定価 5,500 円（本体 5,000 円＋税）

集合・位相・測度は，数学を学ぶ上でどうしても越えなければならない 3 つの大きな峠ともいえる。カントルの独創で生まれた集合論から無限概念を取り入れたルベーグ積分論までを，演習問題とその全解答も含めて解説した珠玉の名著。

数学の流れ 30 講 （上） ―16 世紀まで―

志賀 浩二 (著)

A5 判／208 頁　978-4-254-11746-2 C3341　定価 3,190 円（本体 2,900 円＋税）

数学とはいったいどんな学問なのか，それはどのようにして育ってきたのか，その時代背景を考察しながら珠玉の文章で読者と共に旅する。〔内容〕水源は不明でも／エジプトの数学／アラビアの目覚め／中世イタリア都市の繁栄／大航海時代／他。

数学の流れ 30 講 （中） ―17 世紀から 19 世紀まで―

志賀 浩二 (著)

A5 判／240 頁　978-4-254-11747-9 C3341　定価 3,740 円（本体 3,400 円＋税）

微積分はまったく新しい数学の世界を生んだ。本書は巨人ニュートン，ライプニッツ以降の 200 年間の大河の流れを旅する。〔内容〕ネピアと対数／微積分の誕生／オイラーの数学／フーリエとコーシーの関数／アーベル，ガロアからリーマンへ

数学の流れ 30 講 （下） ―20 世紀数学の広がり―

志賀 浩二 (著)

A5 判／232 頁　978-4-254-11748-6 C3341　定価 3,520 円（本体 3,200 円＋税）

20 世紀数学の大変貌を示す読者必読の書。〔内容〕20 世紀数学の源泉（ヒルベルト，カントル，他）／新しい波（ハウスドルフ，他）／ユダヤ数学（ハンガリー，ポーランド）／ワイル／ノイマン／ブルバキ／トポロジーの登場／抽象数学の総合化

アティヤ科学・数学論集 数学とは何か

志賀 浩二 (編訳)

A5 判／200 頁　978-4-254-10247-5 C3040　定価 2,750 円（本体 2,500 円＋税）

20 世紀を代表する数学者マイケル・アティヤのエッセイ・講演録を独自に編訳した世界初の試み。数学と物理的実在／科学者の責任／20 世紀後半の数学などを題材に，深く・やさしく読者に語りかける。アティヤによる書き下ろし序文付き。

はじめからの数学1 数について （普及版）

志賀 浩二 (著)

B5判／152頁　978-4-254-11535-2　C3341　定価3,190円（本体2,900円＋税）

数学をもう一度初めから学ぶとき"数"の理解が一番重要である。本書は自然数，整数，分数，小数さらには実数までを述べ，楽しく読み進むうちに十分深い理解が得られるように配慮した数学再生の一歩となる話題の書。【各巻本文二色刷】

はじめからの数学2 式について （普及版）

志賀 浩二 (著)

B5判／200頁　978-4-254-11536-9　C3341　定価3,190円（本体2,900円＋税）

点を示す等式から，範囲を示す不等式へ，そして関数の世界へ導く「式」の世界を展開。〔内容〕文字と式／二項定理／数学的帰納法／恒等式と方程式／2次方程式／多項式と方程式／連立方程式／不等式／数列と級数／式の世界から関数の世界へ。

はじめからの数学3 関数について （普及版）

志賀 浩二 (著)

B5判／192頁　978-4-254-11537-6　C3341　定価3,190円（本体2,900円＋税）

'動き'を表すためには，関数が必要となった。関数の導入から，さまざまな関数の意味とつながりを解説。〔内容〕式と関数／グラフと関数／実数，変数，関数／連続関数／指数関数，対数関数／微分の考え／微分の計算／積分の考え／積分と微分

朝倉 数学辞典

川又 雄二郎・坪井 俊・楠岡 成雄・新井 仁之 (編)

B5判／776頁　978-4-254-11125-5　C3541　定価19,800円（本体18,000円＋税）

大学学部学生から大学院生を対象に，調べたい項目を読めば理解できるよう配慮したわかりやすい中項目の数学辞典。高校程度の事柄から専門分野の内容までの数学諸分野から327項目を厳選して五十音順に配列し，各項目は2～3ページ程度の，読み切れる量でページ単位にまとめ，可能な限り平易に解説する。〔内容〕集合，位相，論理／代数／整数論／代数幾何／微分幾何／位相幾何／解析／特殊関数／複素解析／関数解析／微分方程式／確率論／応用数理／他。

プリンストン 数学大全

砂田 利一・石井 仁司・平田 典子・二木 昭人・森 真 (監訳)

B5判／1192頁　978-4-254-11143-9　C3041　定価19,800円（本体18,000円＋税）

「数学とは何か」「数学の起源とは」から現代数学の全体像，数学と他分野との連関までをカバーする，初学者でもアクセスしやすい総合事典。プリンストン大学出版局刊行の大著「The Princeton Companion to Mathematics」の全訳。ティモシー・ガワーズ，テレンス・タオ，マイケル・アティヤほか多数のフィールズ賞受賞者を含む一流の数学者・数学史家がやさしく読みやすいスタイルで数学の諸相を紹介する。「ピタゴラス」「ゲーデル」など96人の数学者の評伝付き。

上記価格は2024年7月現在

【新装改版】
数学30講シリーズ
（全10巻）

志賀浩二 ［著］

柔らかい語り口と問答形式のコラムで数学のたのしみを感得できる卓越した数学入門書シリーズ．読み継がれるロングセラーを次の世代へつなぐ新装改版・全10巻！

1. 微分・積分30講　　208頁（978-4-254-11881-0）
2. 線形代数30講　　216頁（978-4-254-11882-7）
3. 集合への30講　　196頁（978-4-254-11883-4）
4. 位相への30講　　228頁（978-4-254-11884-1）
5. 解析入門30講　　260頁（978-4-254-11885-8）
6. 複素数30講　　232頁（978-4-254-11886-5）
7. ベクトル解析30講　　244頁（978-4-254-11887-2）
8. 群論への30講　　244頁（978-4-254-11888-9）
9. ルベーグ積分30講　　256頁（978-4-254-11889-6）
10. 固有値問題30講　　260頁（978-4-254-11890-2）